SHUDIAN XIANLU YUNJIAN PEIXUN JIAOCAI

输电线路运检

培训教材

刘宏新　主编

中国电力出版社
CHINA ELECTRIC POWER PRESS

内 容 提 要

本书编写以岗位能力为核心，以贴近现场为原则，以适用培训为宗旨，力求参培人员能够通过对本书的学习，进一步规范作业，提高素质，作用于生产。

本书主要内容包括线路基本知识、输电线路六防、新技术介绍、架空输电线路巡视检查、输电线路测量及日常维护，按照模块为单位编写，突出针对性和实用性，读者可以针对现场遇到的问题，随时翻阅本书。

本书可作为输电线路运检专业的培训教材。

图书在版编目（CIP）数据

输电线路运检培训教材 / 刘宏新主编. —北京：中国电力出版社，2017.12（2020.3重印）
ISBN 978-7-5198-1455-7

Ⅰ. ①输… Ⅱ. ①刘… Ⅲ. ①输电线路–电力系统运行–技术培训–教材②输电线路–检修–技术培训–教材 Ⅳ. ①TM726

中国版本图书馆 CIP 数据核字（2017）第 291680 号

出版发行：中国电力出版社
地　　址：北京市东城区北京站西街 19 号（邮政编码 100005）
网　　址：http://www.cepp.sgcc.com.cn
责任编辑：王杏芸（010-63412394）
责任校对：李　楠
装帧设计：赵姗姗
责任印制：杨晓东

印　　刷：三河市航远印刷有限公司
版　　次：2017 年 12 月第一版
印　　次：2020 年 3 月北京第二次印刷
开　　本：787 毫米×1092 毫米　16 开本
印　　张：11
字　　数：221 千字
印　　数：3001—4500 册
定　　价：45.00 元

编 委 会

主　　编　刘宏新

副 主 编　刘永奇　武登峰　张　涛

编委会成员　刘建国　张冠昌　刘金印　解芙蓉

贾京山　杨　澜　张　宇　武国亮

牛　彪　陈　嘉

编 写 组

组　　长　张冠昌

副 组 长　贾京山　杨　澜　张　宇

成　　员　尹世有　李中媛　李小亮　张晓俊

鹿秀风　张阳阳　刘　宏　赵亚宁

赵　莹　赵金亮　程志辉　宰红斌

梁前晟　于国强

前 言

为推进国家电网公司“人才强企”战略，加快培养高素质技能人才队伍，提高输电线路运检专业人员的职业素质，加强和规范输电线路运检专业持证上岗培训工作，由国网山西省电力公司具有丰富理论知识和实践经验的人员共同编写了《输电线路运检培训教材》。

本书作为输电线路运检专业培训教材，突出以岗位能力为核心，以贴近现场为原则，以适用培训为宗旨，力求参培人员能够通过对本书的学习，进一步规范作业，提高素质，作用于生产。

在本书编写过程中，参考了大量教材、文献，引用了相关标准、规范，在此向涉及人员表示感谢。

由于编者水平有限，疏误之处在所难免，敬请同行及各界专家读者批评指正，使之不断完善。

编 者

2017 年 12 月

目 录

第一章

线 路 基 本 知 识

模块 1 杆　　塔

【**模块概述**】杆塔是用来支持导线、避雷线及其附件的支持物，以保证导线与导线、导线与地线、导线与地面或交叉跨越物之间有足够的安全距离。本模块重点介绍杆塔的种类及常见类型。

一、杆塔的分类

杆塔根据用途可分为直线杆塔、直线转角杆塔、耐张杆塔、转角杆塔、终端杆塔、分支杆塔、跨越杆塔、换位杆塔；根据使用材料可分为钢筋混凝土杆、钢管杆、角钢塔和钢管塔；根据杆塔是否带拉线分为拉线杆塔和自立式杆塔；根据杆塔架线的回路数分为单回路杆塔、双回路杆塔和多回路杆塔。

（1）直线杆塔：用于线路的直线中间部分，以垂直的方式支持导、地线，主要承受导、地线自重或覆冰等垂直荷载和风压及线路方向的不平衡拉力。

（2）直线转角杆塔：除起直线杆塔的作用外，还用于线路较小的转角处。

（3）耐张杆塔：以锚固的方式支承导线和地线，能将线路分段，限制事故范围，便于施工检修；其机械强度较大，除承受直线杆塔承受的荷载外，还承受导、地线的直接拉力，事故情况下承受断线拉力。

（4）转角杆塔：用于线路转角处，一般是耐张型的。除承受耐张杆塔承受的荷载外，还承受线路转角造成的合力。

（5）终端杆塔：用于整个线路的起止点，是耐张杆塔的一种形式，但受力情况较严重，需承受单侧架线时全部导、地线的拉力。

（6）分支杆塔：用于线路的分支处。受力类型为直线杆塔、耐张杆塔和终端杆塔的总和。

（7）跨越杆塔：用于高度较大或档距较长的跨越河流、铁塔及电力线路杆塔。

（8）换位杆塔：用于较长线路变换导线相位排列的杆塔。

二、电杆常用的类型

目前，电网中最常用的是钢筋混凝土电杆，是应用离心原理制作的环形截面的构件，按钢筋受力情况可分为非预应力电杆和浇制前对钢筋预加一定拉伸张力的预应力电杆。按其造型可分为锥形（拔梢）电杆和等径电杆两种。锥形电杆的梢径一般分为190mm和230mm两种，其锥度为1/75。等径电杆的直径一般有300mm和400mm两种，前者用于导线截面稍小的线路，后者用于导线截面较大的线路。按混凝土电杆杆段长度可分为整根式电杆和分段式电杆，在分段式电杆中，又分为焊接分段式和法兰分段式两种。

钢筋混凝土有一定的耐腐蚀性，故其寿命较长，维护工作量较小，与铁塔相比钢材消耗少，可降低线路的总造价。缺点在于质量较重，运输较为困难，容易出现裂纹。钢筋混凝土有一定的耐腐蚀性，故其寿命较长，维护工作量较小，与铁塔相比钢材消耗少，可降低线路的总造价。缺点在于质量较重，运输较为困难，容易出现裂纹。常用的电杆型式包括：

1. 无拉线拔梢直线单杆

无拉线拔梢直线单杆，一般采用梢径ϕ190～ϕ230mm 的拔梢钢筋混凝土电杆，电杆的基础采用深埋式。具有结构简单、施工方便、运行维护简便、占地面积少、对机耕影响小的特点。主要缺点为抗扭性差，荷载大时杆顶容易倾斜，故一般用于LGJ–150型以下的导线及平地或丘陵地带较适宜，荷载大的重冰区不宜采用。

2. 带拉线的直线单杆

带拉线的直线单杆，一般采用ϕ300～ϕ400mm等径钢筋混凝土杆，基础采用浅埋式。具有经济指标低、材料消耗小、施工方便、基础浅埋可充分利用杆高等优点。主要缺点是由于拉线不便农田机耕，抗扭性差等。

拉线对地夹角β的布置，从理论上讲越小越好，但由于电气间隙和占地面积限制，通常β角以不超过 60°为宜。拉线水平夹角α，习惯采用 45°，但从正常和事故情况下等强度原则考虑，α角宜在35°左右，故建议采用40°，这对于发挥拉线作用和减少正常情况下的挠度都是可取的。

3. 拔梢门型直线杆

拔梢门型直线杆一般装有叉梁，不打拉线，采用深埋式基础，导线横担采用平面桁架横担。具有占地面积少，有较大的承载能力，断边相导线时，导线横担起杠杆作用，使两根主杆只承受反力而没有扭矩，克服了拔梢单杆抗扭性能差的弱点。

4. 拉线门型直线杆

拉线门型直线杆的拉线一般有V形和X形两种。由于V形拉线α角较大，一般大于70°，所以拉线平衡垂直线路方向荷载的能力很低，基础采用深埋式，有带叉梁和不带叉梁两种。X形拉线α角较小，可以小于70°，基础可采用浅埋式。

5. 耐张杆

耐张杆在导线横担处安装四根交叉布置的拉线（称导线拉线），在架空地线横担处安装四根“八字型”布置的拉线。导线拉线与横担的水平投影角 α_2 约为 65°，在正常运行情况下，承受导线、架空地线和杆身风压的水平力及角度荷载或导线的不平衡张力；断线及安装情况时，承受安装或断线时的水平荷载或顺线路方向的荷载。架空地线拉线和导线拉线共用一个拉线基础，正常情况下，不考虑架空地线对基础的上拔力，仅在架空地线断线或安装情况时，才考虑架空地线拉线对基础的上拔力。

6. 转角杆

转角杆按有无拉线可分为无拉线转角杆和拉线转角杆，按承力方式可分为直线转角杆和耐张转角杆。转角杆的基础埋深较浅，一般为 1.5m。在架空地线横担和主杆的连接点至导线横担和主杆的连接点之间，装设斜拉杆，以便将架空地线的水平力传递给导线拉线。架空地线的拉线只承受架空地线的顺线张力；而导线拉线则承受导线的顺线张力和全部水平力。

模块 2 基　　础

【模块概述】杆塔基础的作用是稳定杆塔，防止杆塔因承受导线、风、冰、断线张力等垂直荷载、水平荷载和其他外力的作用而产生的上拔、下压或倾覆。本模块主要介绍电杆基础及铁塔基础的种类及应用情况。

杆塔基础主要有钢筋混凝土电杆基础和铁塔基础。

一、电杆基础

电杆基础分为底盘、拉线盘及卡盘。通常是事先预制好的钢筋混凝土盘，使用时运到施工现场组装，较为方便。底盘是埋（垫）在电杆底部的方（圆）形盘，承受电杆的下压力并将其传递到地基上，以防电杆下沉。卡盘是紧贴杆身埋入地面以下的长形横盘，其中采用圆钢或圆钢与扁钢焊成 U 形抱箍与电杆卡接，以承受电杆的横向力，增加电杆的抗倾覆力，防止电杆倾斜。拉盘是埋置于土中的钢筋混凝土长方形盘，在盘的中部设置 U 形吊环和长形孔，与拉线棒及金具相连接，以承受拉线的上拔力，稳住电杆，是拉线的锚固基础。

在线路设计施工基础时，应根据当地土壤特性和运行经验，决定是否需用底盘、卡盘、拉盘。若钢筋混凝土杆立在岩石或土质坚硬地区，可以直接埋入基坑而不设底盘或卡盘，也可用条石代替卡盘和拉盘，用块石砌筑底盘以及垒石稳固杆基。

二、铁塔基础

铁塔基础类型较多，根据铁塔类型、地形地质、承受的外荷载及施工条件的不同，分为不同种类。

1. 按承载力的特性分类

（1）“大开挖”基础类。这类基础是指埋置于预先挖好的基坑内并将回填土夯实的基础。是以扰动的回填土构成抗拔土体保持基础的上拔稳定。由于扰动的黏性回填土，虽经夯实也难恢复原状土的结构强度，因而就其抗拔性能而言不够理想。这类基础的主要尺寸均由其抗拔稳定性能所决定，为了满足上拔稳定性的要求，必须加大基础尺寸，从而提高了基础造价。但这类基础具有施工简便的特点，是工程中最常用的基础型式，主要有混凝土基础、普通钢筋混凝土基础和装配式基础等。

（2）掏挖扩底基础类。这类基础是指以混凝土和钢筋骨架灌注于以机械或人工掏挖成的土胎内的基础。它是以原状土构成的抗拔土体保持基础的上拔稳定，适用于在施工中掏挖和浇注混凝土时无水渗入基坑的黏性土中。它能充分发挥原状土的特性，不仅具有良好的抗拔性能，而且具有较大的横向承载力。这类基础具有节省材料、取消模板及回填土工序、加快工程施工进度、降低工程造价等优点。但存在施工质量难以控制的缺点，浇筑时易出现漏浆现象，在验收时应特别注意这一点。

（3）爆扩桩基础类。这类基础是指以混凝土和钢筋骨架灌注于以爆扩成型的土胎内的扩大端的短桩基础。它适用于可爆扩成型的硬塑和可塑状态的黏性土中，在中密的、密实的砂土以及碎石土中也可应用。由于其抗拔土体基本接近于未扰动的天然土，因而它也具有较好的抗拔性能，同时扩大端接触的持力层为一空间曲面，其下压承载力也比一般平面底板有所提高。爆扩桩基础也具有掏挖扩底基础的优点，只是施工中成型的工艺和尺寸检查尚有一定困难。

（4）岩石锚桩基础类。这类基础是指以水泥砂浆或细石混凝土和锚筋灌注于钻凿成型的岩孔内的锚桩或墩基础。它具有较好的抗拔性能，特别是上拔和下压地基的变形比其他类基础都小。适用于山区岩石覆盖层较浅的塔位。这类基础由于充分发挥了岩石的力学性能，从而大量地降低了基础材料的耗用量，特别是在运输困难的高山地区更具有明显的经济效益。但岩石地基的工程地质鉴定工作比较复杂。

（5）钻孔灌注桩基础类。这类基础是指用专用的机具钻（冲）成较深的孔，以水头压力或水头压力加泥浆护壁，放入钢筋骨架和水下浇筑混凝土的桩基。它是一种深型的基础型式，适用于地下水位高的黏性土和砂土等地基，特别是跨河塔位。

（6）倾覆基础类。这类基础是指埋置于经夯实的回填土内的，承受较大倾覆力矩的电杆基础、窄基铁塔的单独基础和宽基铁塔的联合基础。电杆的倾覆基础被广泛采用，而铁塔的联合基础由于施工较复杂且耗用材料又多，故只有在载荷大、地基差的条件下，用其他类型基础在技术上有困难时方可采用。

（7）预制类装配式基础。这类基础是指现将基础在工厂预先制作好，然后运至现场安装在基坑中的一种基础。预制基础单件重量不宜过大，否则人力运输比较困难。预制基础适合缺少砂石、水或冬季不宜现场浇制混凝土时用。一般有预制混凝土基础、板条基础、金属基础等。

（8）按基础与铁塔连接方式分类。

1）地脚螺栓类基础。是在现浇混凝土基础时，埋设地脚螺栓，通过地脚螺栓与塔腿相连，塔腿与基础是分开的。

2）插入式基础。其特点是铁塔主材直接斜插入基础，与混凝土浇成一体，可省去地脚螺栓、塔脚等，节约钢材，受力合理。

（9）其他。高低腿基础是指铁塔的四个塔腿基础不在同一个平面内，而是根据地形的不同分别设计不同的高度。这种基础最大优点就是可以减少基础施工的土方开挖量，减小植被的破坏，保护环境。

2. 按基础与铁塔连接方式分类

（1）地脚螺栓类基础。是在现浇混凝土基础时，埋设地脚螺栓，通过地脚螺栓与塔腿相连，塔腿与基础是分开的。

（2）插入式基础。其特点是铁塔主材直接斜插入基础，与混凝土浇成一体，可省去地脚螺栓、塔脚等，节约钢材，受力合理。

3. 其他

长短腿基础是指铁塔的四个塔腿基础不在同一个平面内，而是根据地形的不同分别设计不同的高度。这种基础最大优点就是可以减少基础施工的土方开挖量，减小植被的破坏，保护环境。

模块3 接 地 装 置

【模块概述】本模块主要讲述接地装置的敷设型式及基地电阻的相关知识。

接地装置为接地线和接地极的总称。埋入地中并直接与大地接触的金属导体，称为接地极。电气装置、设施的接地端子与接地极连接用的金属导电部分，称为接地线。

架空输电线路接地装置的作用是防止因绝缘损坏危及人身和设备的安全；向大地泄放雷电流；向大地泄放各种绝缘闪络引起的工频续流，并保证设备热稳定满足要求；防止感应电引起的杆塔电位升高，牵制杆塔电位为零电位。

接地极根据其布置型式主要有垂直接地极和水平接地极。垂直接地极，用于土壤电阻率较高或接地极易打入地下的情况，一般由两根以上的钢管或角钢组成，可成排一字形布置或环形布置。水平接地极，适于土壤电阻率较低，不用打入垂直接地极就能满足接地电阻值要求，通常采用放射形布置。

一、输电线路接地装置的型式

（1）在土壤电阻率 $\rho \leqslant 100\Omega \cdot m$ 的潮湿地区，可利用铁塔和钢筋混凝土杆自然接地。

在居民区，当自然接地电阻符合要求时，可不设人工接地装置。

（2）在土壤电阻率 100Ω·m＜ρ≤300Ω·m 的地区，除利用铁塔和钢筋混凝土杆的自然接地外，并应增设人工接地装置，接地装置的埋设深度不宜小于 0.8m。

（3）在土壤电阻率 300Ω·m＜ρ≤2000Ω·m 的地区，可采用水平敷设的接地装置，接地极埋设深度不宜小于 0.6m。

（4）在土壤电阻率 ρ＞2000Ω·m 的地区，可采用 6～8 根总长度不超过 500m 的放射形接地极或连续伸长接地极。放射形接地极可采用长短结合的方式。接地极埋设深度不宜小于 0.6m。

（5）居民区和水田中的接地装置，宜围绕杆塔基础敷设成闭合环形。

（6）在农业耕作区，接地极的埋设深度应大于耕作深度。

（7）在沙漠地区，考虑到较深处的沙子比较潮湿，宜适当加大接地极的埋深。

（8）放射形接地极每根的最大长度应符合表 1–1。

表 1–1　放射形接地极每根的最大长度

土壤电阻率/（Ω·m）	≤500	≤1000	≤2000	≤5000
最大长度/m	40	60	80	100

（9）在高土壤电阻率地区采用放射形接地装置时，当在杆塔基础的放射形接地极每根长度的 1.5 倍范围内有土壤电阻率较低的地带时，可部分采用引外接地或其他措施。

（10）水平埋设的接地装置适用于居民区和非居民区的铁塔，但在埋设场地受限制的地方，可用垂直埋设；垂直埋设的接地装置还适用于冻土深度大于 0.8m 的地区。

（11）在山坡等倾斜地形敷设水平接地极时宜沿等高线开挖，接地沟底面应平整，沟深不得有负误差，并应清除影响接地极与土壤接触的杂物，以防止接地极受雨水冲刷外露，腐蚀生锈；水平接地极敷设应平直，以保证同土壤更好接触。

二、接地电阻的影响因素

1. 接地电阻

接地电阻是接地极的对地电阻和接地线电阻的总和，数值等于接地装置对地电压与通过接地极流入地中电流的比值。按通过接地极流入地中工频交流电流求得的电阻为工频接地电阻。按通过接地极流入地中冲击电流或雷电流求得的电阻为冲击接地电阻。由于冲击电流的幅值可能很大，强大的冲击电流流入土壤后会形成很强的电场，使土壤发生强烈的局部放电现象，相当于加大了接地体的直径，其结果是冲击接地电阻比工频接地电阻要小；但冲击电流的等效频率又比工频高得多，对长度很大的延长接地极来说，由于电感效应冲击接地电阻也可能大。

冲击接地电阻与工频接地电阻的比值，称为接地装置的冲击系数。通过大量的试验和综合分析得出，冲击系数随冲击电流幅值的增加而减小，随接地极几何尺寸的增加而增加，随土壤电阻率增加而减小。通常所说的接地电阻没有特殊说明，均指工频接地电阻。

2. 土壤电阻率

接地电阻是直接反映接地情况是否符合规范要求的一个重要指标。对于接地装置而言，要求其接地电阻越小越好，因为接地电阻越小，散流越快，跨步电压、接触电压也越小。而影响接地电阻的主要因素有土壤电阻率，接地体的尺寸、形状及埋入深度，接地线与接地体的连接等。其中土壤电阻率对接地电阻的大小起着决定性作用。

土壤电阻率是土壤的一种基本物理特性，是土壤在单位体积内的正方体相对两面间在一定电场作用下，对电流的导电性能。一般取 $1m^3$ 的正方体土壤电阻值为该土壤电阻率 ρ，单位为 Ω·m。

土壤电阻率的影响因素很多，主要有土壤类型、含水量、含盐量、温度、土壤的紧密程度等化学和物理性质，同时土壤电阻率随深度变化较横向变化要大得多。

模块4 金　　具

【模块概述】杆塔、绝缘子、导线、地线及其他电气设备按照设计要求，连接组装成完整的送电体系所使用的金属零件，统称为金具。本模块依据线路金具的性能、用途进行分类，介绍各类金具的作用。

线路金具按其性能和用途，主要分为悬垂线夹、耐张线夹、连接金具、接续金具、防护金具等。

一、悬垂线夹

悬垂线夹是用于悬挂导线（跳线）于绝缘子串上和悬挂地线于横担上。型号表示方法如下：

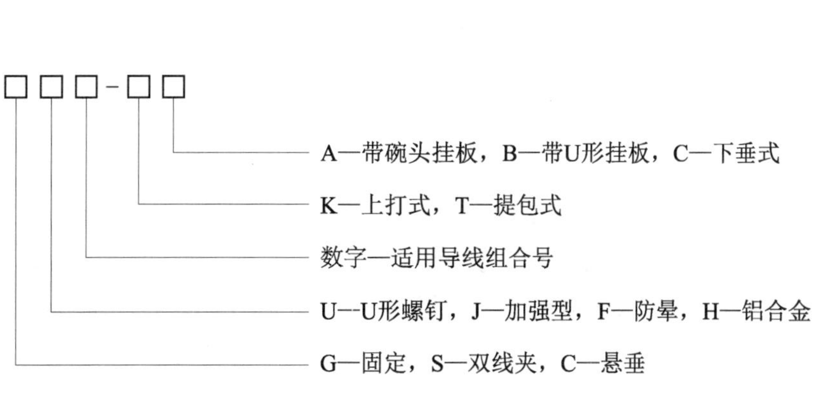

例如，CGU-1 表示 U 形螺钉固定型悬垂线夹，产品序号是 1；CGF-5C 表示防晕型

下垂式悬垂线夹，序号是 5；CSH–4 表示铝合金垂直排列双线夹，序号是 4。

悬垂线夹从性能上分有固定型、防晕型、加强型和双分裂导线用悬垂线夹；从材质上分有可锻铸铁和铝合金两种。无特殊要求时宜选用固定型悬垂线夹，330～500kV 电压等级线路不采用屏蔽环时，须采用防晕型悬垂线夹，当需要进一步提高架空输电线路节能性能时，宜采用铝合金悬垂线夹，对于大跨越架空线路和线路在重冰区或强风区时，应采用加强型悬垂线夹。

二、耐张线夹

耐张线夹用于紧固导线的终端，使其固定在耐张绝缘子串上，也用于地线终端的固定及拉线的锚固，耐张线夹承担着导线、地线、拉线的全部张力。

1. 导线用耐张线夹

导线用耐张线夹一般分为两类：一类是螺栓型耐张线夹，另一类是压缩型耐张线夹。

（1）螺栓型耐张线夹。螺栓型耐张线夹是用 U 形螺钉和舌片将导线压紧固定，线夹只承受导线的全部张力，不导通电流。螺栓型耐张线夹的主要优点是施工安装方便，并对导线有足够的握力。螺栓型耐张线夹一般适用于中小截面的导线（截面积在 $240mm^2$ 及以下导线）。螺栓型耐张线夹包括 NL 型螺栓型耐张线夹和 NLL 型螺栓型铝合金耐张线夹两种。

（2）压缩型耐张线夹。压缩型耐张线夹又分为液压型耐张线夹和爆压型耐张线夹。压缩型耐张线夹是先将导线钢芯穿入线夹的钢锚并压在一起，再将导线的铝股和线夹的铝管、钢锚压在一起。除承受导线的全部张力外，还要导通电流，适用于安装大截面导线。采用液压方法连接导线的耐张线夹，其钢锚和铝管压后外形为正六角形。

2. 地线用耐张线夹

地线（镀锌钢绞线）用耐张线夹，按其结构分为楔形及压缩型两种。楔形耐张线夹，可用于地线的终端，也可用于固定杆塔拉线。由于楔形线夹具有施工方便和运行可靠等特点，所以被广泛地应用于送电线路上。但楔形线夹在施工时必须把所安装的钢绞线弯曲成圆弧状，才能使其紧密地贴在线夹的楔子上。安装经验证明：楔形线夹一般适合于安装截面积不大于 $70mm^2$ 的钢绞线，对大于 $70mm^2$ 的钢绞线，用楔形线夹安装较为困难，宜采用压缩型耐张线夹。

各类耐张线夹的破坏荷载应不小于安装导线或地线的计算拉断力，其对导、地线的握力，压缩型耐张线夹应不小于导、地线计算拉断力的 95%，螺栓型耐张线夹应不小于导线计算拉断力的 90%。作为导电体的耐张线夹压接后，其接续处的电阻应不大于同样长度导线的电阻；温升应不大于被接续导线的温升；载流量应不小于被安装导线的载流量。

三、连接金具

连接金具是用于绝缘子串与杆塔、绝缘子串与其他金具及绝缘子串之间的连接，承受机械荷载。分为专用连接金具和通用连接金具。

1. 专用连接金具

专用连接金具是指连接绝缘子的，其连接部位的结构尺寸与绝缘子相配合。用于连接球窝型绝缘子的连接金具有球头挂环、碗头挂板等，如图 1–1 和图 1–2 所示。用于连接槽型绝缘子的有平行挂板、直角挂环等。

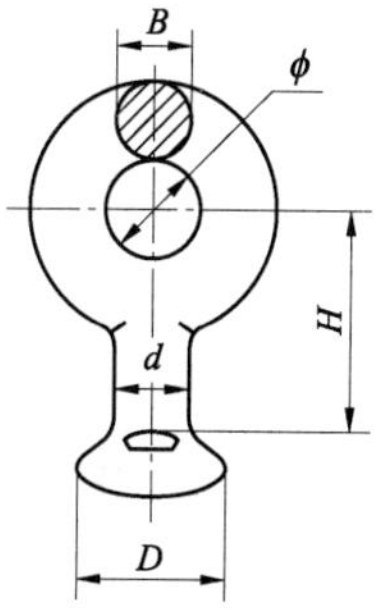

图 1–1 球头挂环

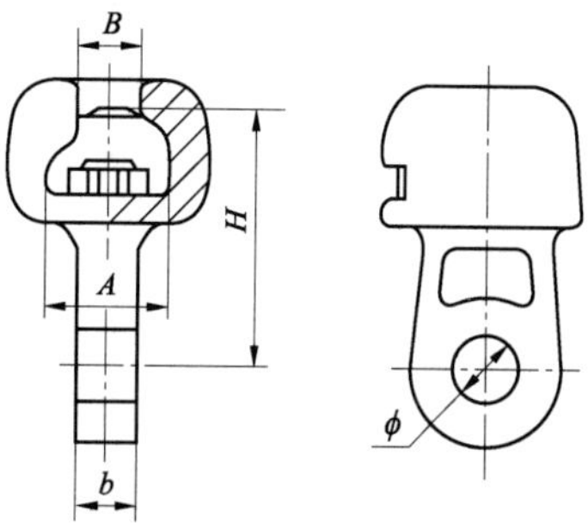

图 1–2 碗头挂板

2. 通用连接金具

用于将绝缘子组成两串、三串或更多串数，并将绝缘子与杆塔横担或与线夹之间的连接，也用来将地线紧固或悬挂在杆塔上，或将拉线固定在杆塔上等，如 U 形挂环、延长环、二联板等，如图 1–3 所示。

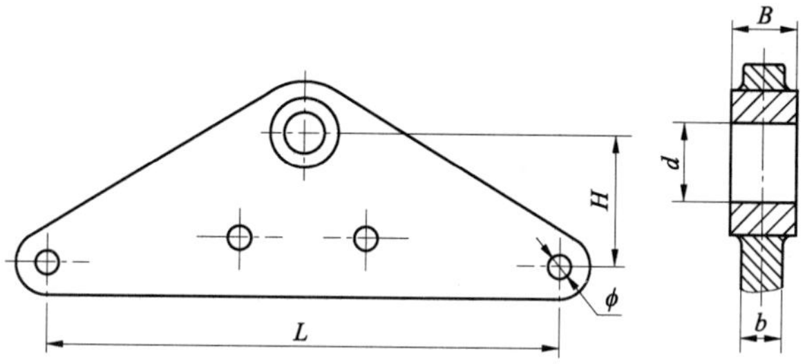

图 1–3 联板

连接金具主要承受机械荷载，其机电破坏荷载必须与使用的绝缘子串相同，对于双串绝缘子用的金具，其机械荷载应为单串绝缘子金具的两倍。

四、接续金具

接续金具用于接续各种裸导线、地线。按接续方法的不同可分为铰接、对接、搭接、插接和螺接等几种。定型的接续金具按施工方法和结构形式的不同分为钳压接续金具、液压接续金具、爆压接续金具、螺栓接续金具及预绞丝缠绕的螺旋接续金具 5 类，其中钳压接续和爆压接续因工艺质量及施工安全性等原因已停止使用。

1. 钳压接续金具

钳压接续属于搭接接续的一种，将导线端头搭接在薄壁的椭圆形接续管内，以液压钳或机动钳进行钳压。通常使用的钳压接续管，只能接续中小截面的铝绞线、钢芯铝绞线。钳压接续时，接续管置于重叠的两线端之间，钳压时必须按规定程序，顺序交错进行，钳压部位凹槽的深度必须符合规定，以保证接续管对导线的握力符合要求。钳压接续金具分为铝绞线接续管和钢芯铝绞线接续管两种。

2. 液压接续金具

用液压方法接续导、地线时，用液压机和规定尺寸的压缩钢模进行，接续管在受压后产生塑性变形，使接续管与导线成为一整体。接续管形状有两种：一种接续管压缩前为椭圆形，压缩后为圆形；另一种接续管压缩前为圆形，压缩后为正六角形或扁六角形。液压接续分为钢芯对接和钢芯搭接两种接续方法。

3. 爆压接续金具

爆压接续与液压接续相比，不用搬运笨重的液压设备，效率高、施工简单，因而特别适用山区电力线路的架设。但爆压工艺较难控制，因此保证爆压接续质量的关键在于严格按爆压操作规程进行施工。有的液压管也适用于爆压，但大截面钢芯铝绞线配有专用的爆压接续管。

4. 螺栓接续金具

导、地线用螺栓接续金具接续仅适用于不承受张力的部位，螺栓接续的电气性能依靠螺栓的压力来保证。架空线路上导、地线常用的螺栓接续金具有并沟线夹、T 形线夹、设备线夹、钢线卡子等。

5. 预绞式接续条

如图 1–4 所示，预绞式接续条是用来连接导线两端头，代替常规的钳压接续管和压接管，分为导线用预绞式接续条和钢绞线用预绞式接续条。

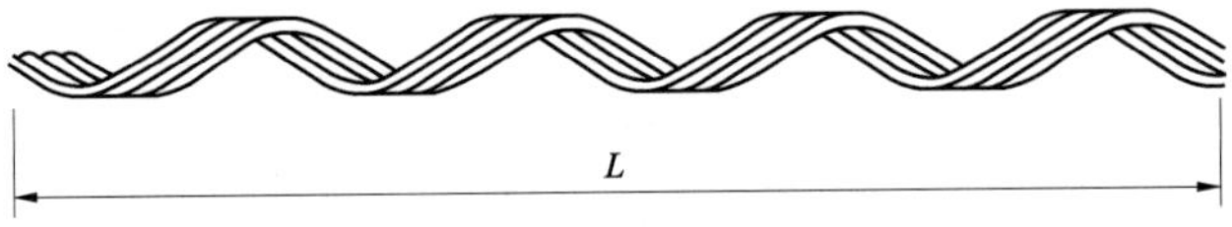

图 1–4　预绞式接续条的型式

五、防护金具

1. 机械防护金具

机械防护金具有防止导、地线振动的护线条、防振锤、间隔棒及悬重锤等。导、地线防振主要有两种措施：一种是预绞丝，另一种是防振锤。预绞丝是用具有弹性的高强度铝合金条按规定根数，绞制成螺旋状，紧缠在导线外层，装入悬垂线夹以增加导线刚度，减少线夹出口处导线的附加弯曲应力。防振锤由一定重量的重锤、镀锌钢绞线和线夹组成，防振锤的消振性能与防振锤的有效工作频率范围有关。当导、地线产生振动时，悬挂在档距两端的防振锤的相对运动吸收了导、地线的振动能量。

（1）预绞丝。预绞丝分为护线条和补修条。护线条用来缠绕在导线外层，安装在一般船形线夹中，以提高导线刚度，减小导线振动；补修条用来保护导线、地线免受外力破损，并确保损伤范围不致扩大，或恢复其原有机械强度及导电性能。

（2）防振锤。防振锤用于抑制架空输电线路的微风振动，保护线夹出口处的架空线不疲劳破坏。常用防振锤的结构如图 1–5 所示，FD 型防振锤用于导线，FG 型防振锤用于钢绞线，FF 型防振锤用于 500kV 导线，FR 型防振锤为多频防振锤。

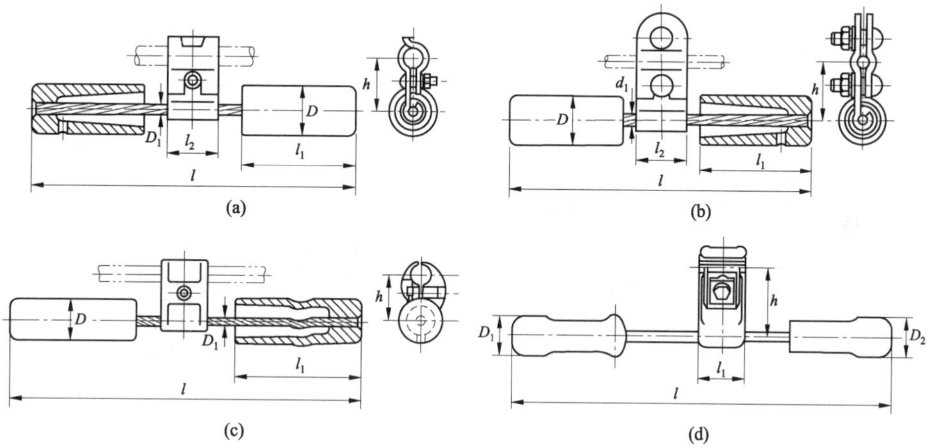

图 1–5　常用防振锤

（a）FD 型防振锤；（b）FG 型防振锤；（c）FF 型防振锤；（d）FR 型防振锤

（3）间隔棒。间隔棒主要用于二分裂及以上分裂导线，是为了保证分裂子导线间距保持不变，降低表面电位梯度，以及在短路情况下，导线线束间不致产生电磁力，造成相互吸引碰撞，或虽引起瞬间的碰撞，但事故消除后即能恢复到正常状态，而在档距中相隔一定的距离安装了间隔棒。间隔棒对次档距的振荡和微风振动也有一定的抑制作用。根据性能特点，间隔棒分为刚性间隔棒和阻尼间隔棒。刚性间隔棒使子导线之间不能产生相对位移；阻尼间隔棒在间隔棒关节、线夹内安装有阻尼元件，能够减轻分裂导线微风振动和次档距振荡的间隔棒。

我国输电线路间隔棒主要结构形式如图 1–6 所示，图中字母：*L*–子导线间隔距离、*D*–握紧导线的直径、*B*–线夹宽度。

（4）悬重锤。悬重锤是在直线杆塔悬垂绝缘子串或非直线杆塔跳线对杆塔绝缘间隙不足以及存在上拔现象或下压力不足时采用的保护金具。

2. 电气防护金具

电气防护金具有均压环、屏蔽环和均压屏蔽环三种，如图 1–7 和图 1–8 所示。型号标记的组成：F—防护；J—均压环；P—屏蔽环；数字—适用电压；附加字母：N—耐张绝缘子串用；C—悬垂绝缘子串用。

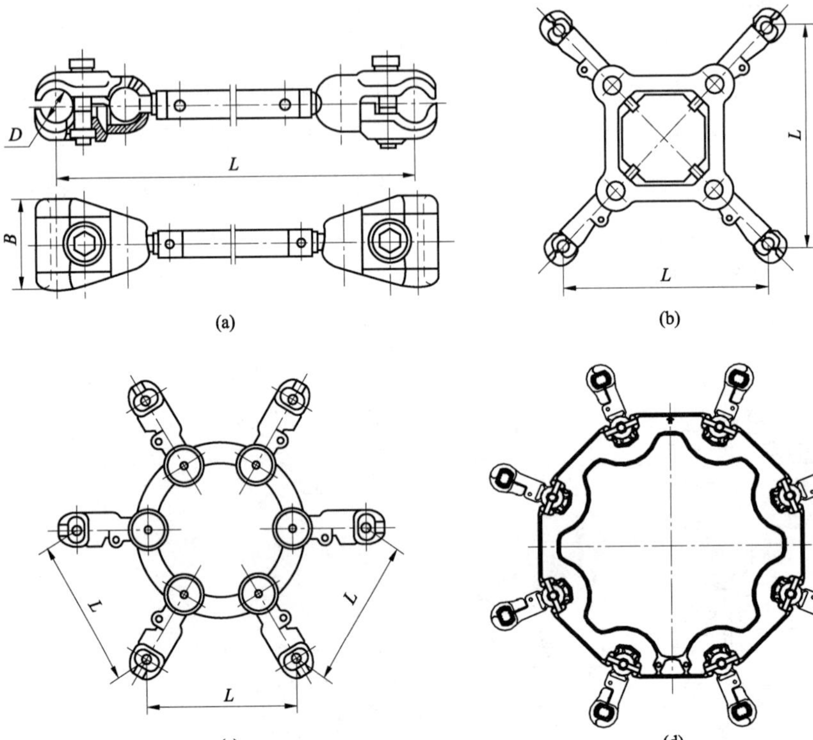

图 1–6　间隔棒

（a）双分裂间隔棒；（b）四分裂间隔棒；（c）六分裂间隔棒；（d）八分裂间隔棒

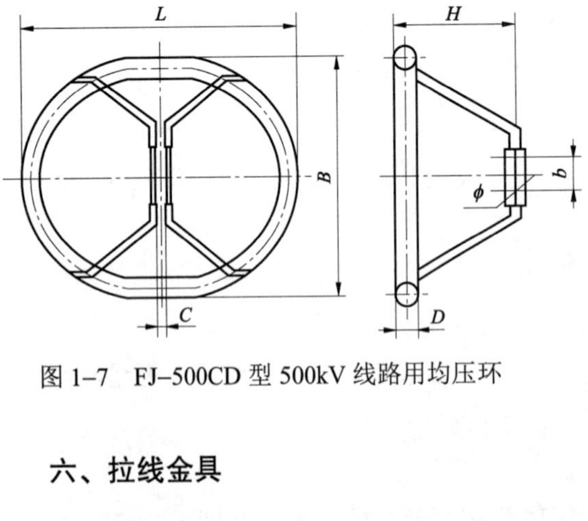

图 1–7　FJ–500CD 型 500kV 线路用均压环

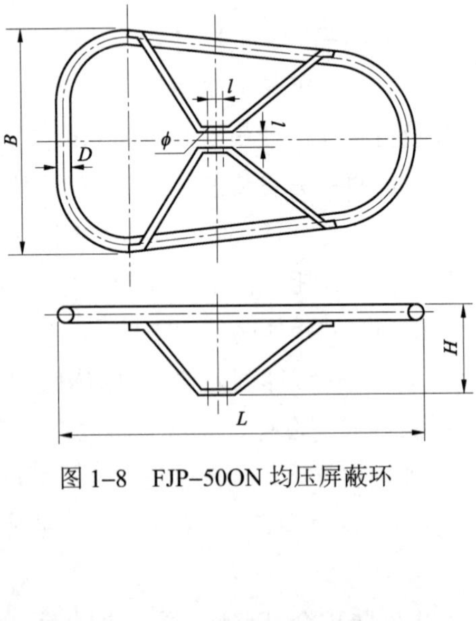

图 1–8　FJP–50ON 均压屏蔽环

六、拉线金具

拉线金具主要用于固定拉线杆塔，包括从杆塔顶端引至地面拉线棒之间的所有零件。根据使用条件，拉线金具可分为紧线、调节及连接三类。紧线金具用于紧固拉线端部，与拉线直接接触，必须有足够地握紧力；调节金具用于调节拉线的松紧；连接金具用于拉线的组装。常用的拉线金具有 UT 形线夹、楔形线夹、拉线二联板等。

模块 5 绝 缘 子

【模块概述】架空线路的绝缘子是用来支持导线并使之与杆塔绝缘的。它是输电线路绝缘的主体，应具有足够的绝缘强度和机械强度，同时对化学杂质的侵蚀具有足够的抗御能力，并能适应周围大气条件的变化。

一、绝缘子种类

输电线路用绝缘子按结构型式分为盘形绝缘子和棒形绝缘子；按绝缘介质分为瓷质绝缘子、玻璃绝缘子、半导体釉和复合绝缘子 4 种；按连接方式分为球型和槽型两种；按承载能力大小分为 40kN、60kN、70kN、100kN、160kN、210kN、300kN、420kN、550kN 等多个等级。每种绝缘子又有普通型、耐污型、空气动力型和球面型等多种类型。

二、绝缘子型号与片数选择

1. 绝缘子型号与意义

（1）盘形悬式绝缘子。根据 GB/T 7253—2005《标称电压高于 1000V 的架空线路绝缘子交流系统用瓷或玻璃绝缘子元件盘形悬式绝缘子元件的特性》规定，绝缘子的型号由字母 U 和其后规定的机电或机械破坏负荷的千牛数来标识。随后的字母 B 或 C 分别表示球窝或槽形连接。随后的字母 S 或 L，则表示短或长结构高度。污秽地区的大爬距绝缘子用字母 P 置于最后来表示。具体标识如下：

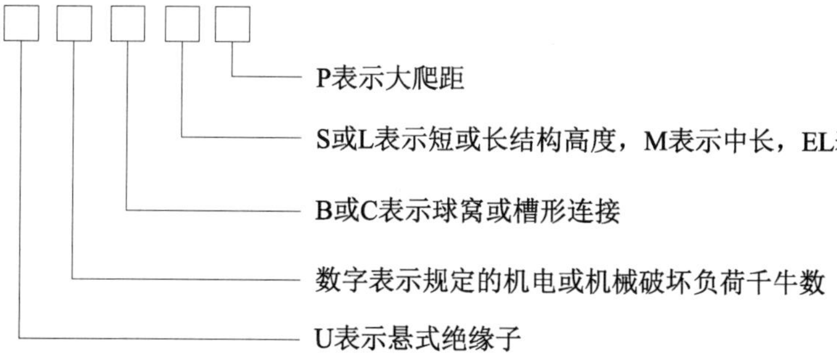

根据 GB/T 7253—2005 和 JB 9681—1999 绝缘子型号编制方法如下：盘形悬式瓷质和玻璃绝缘子型号一般由字母–数字–字母三部分组成。第一部分的字母表示绝缘子类型，第二部分的数字表示绝缘子的机电破坏荷载，第三部分的字母表示绝缘子的特征，其标识含义如下：

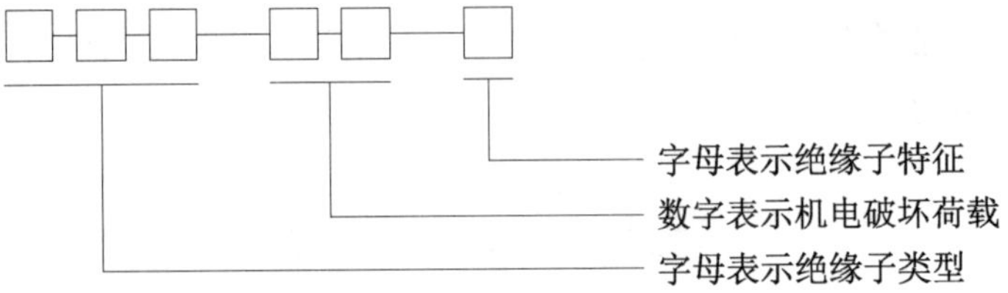

在标准型绝缘子的型号中，第一部分字母的含义见表 1–2。

表 1–2　　绝缘子型号第一部分字母含义

字　母	含　义	字　母	含　义
X	悬式	Y	圆柱头结构
W	防污型	M	草帽型
LX	悬式钢化玻璃	Q	球面
XH	钟罩型	A	空气动力型
P	机电破坏负荷		

第二部分数字表示机电破坏荷载，单位为 kN。第三部分字母表示绝缘子连接方式，如：C–表示槽形连接；D–表示大爬电距离。瓷质、球窝型连接和大爬电距离等不再用字母表示，如：

XWP–100——悬式防污型瓷质绝缘子，球窝型连接，机电破坏荷载为 100kN；

XP–210——普通型瓷质绝缘子，球窝型连接，机电破坏荷载为 210kN；

XHP–160——钟罩型瓷质绝缘子，机电破坏荷载为 160kN；

LXY–210——钢化玻璃绝缘子，圆柱形头部结构，球形连接，机电破坏荷载为 210kN。

（2）棒形悬式复合绝缘子型号。根据 JB/T 8460—1996《高压线路用棒形悬式复合绝缘子尺寸与特性》规定，型号表示方法如下：

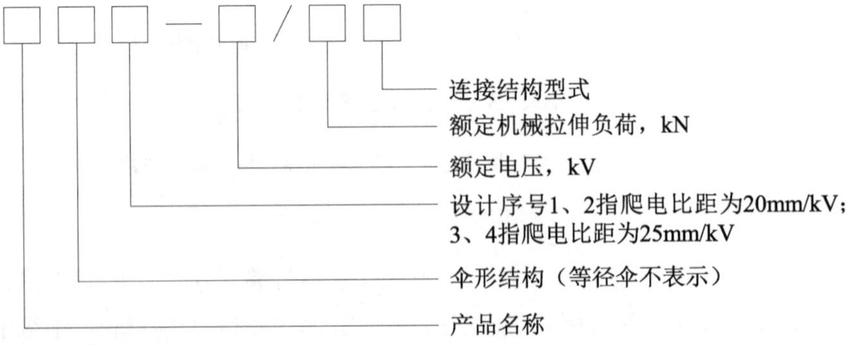

符号含义：FXB——高压线路用棒形悬式复合绝缘子；W——大、小伞。示例：

FXB W 3 — 110 / 70

- 70：额定机械拉伸负荷70kN
- 110：额定电压110kV
- 3：设计序号（指爬电比距为25mm/kV）
- W：大、小伞
- FXB：高压线路用棒形悬式复合绝缘子

2. 绝缘子片数选择

架空输电线路绝缘子片数的选择要考虑运行中可能遇到的工作电压、内过电压和外部过电压三种电压的作用。通常是根据工作电压选择绝缘配置水平，然后进行操作和雷电冲击放电特性的校验。我国 110（含 66kV）～750kV 电网由于受到大气污染的影响，外绝缘水平一般由工作电压控制，因此架空输电线路外绝缘子片数的选择主要取决于绝缘子的耐污闪能力。

架空输电线路绝缘子片数的选择有两种方法：一是爬电比距法，即首先根据所在地区电网的污区分布图（根据现场污秽度、污湿特征和长期运行经验绘制）确定污秽等级，按照 Q/GDW 152—2006《高压架空线路和变电站污区分级与外绝缘选择标准》给出的统一爬电比距和现场污秽度的相互关系选择普通盘形绝缘子（参照绝缘子）的爬电比距，然后根据不同形状尺寸绝缘子和普通盘形绝缘子之间的有效爬电比距换算关系确定所用绝缘子的爬电比距，该爬电比距通常不等于其几何爬电比距。

不同形状尺寸绝缘子和普通盘形绝缘子之间的有效爬电比距换算关系，可根据各地区的长期运行经验来确定。根据几何爬电比距确定的外绝缘配置常常导致绝缘水平不足。

二是耐受电压法，耐受电压主要通过人工污秽试验进行，首先确定所在地区输变电设备绝缘子表面的现场污秽度（等值盐密和灰密值）；确定等价于自然污秽盐密值人工污秽试验时使用的盐密（有效盐密）；在试验盐密和灰密下进行各类设备的人工污秽试验，确定其 50%污闪电压，试验尽可能在满足运行电压要求的全尺寸试品上进行；或根据已有同类试品在典型灰密条件下的 50%污闪电压特性，进行必要的灰密修正；根据所在地区绝缘子上下表面的污秽分布情况，对其 50%污闪电压进行修正；确定绝缘子的雾中耐受电压，该值通常可取 50%污闪电压减去 3 倍的标准偏差；根据绝缘子安装情况进行其耐受电压修正（如线路绝缘子串型、并联串数及区段闪络概率等）；由于绝缘设计中的诸多不确定因素及不同试验室人工污秽试验结果的分散性，在最终确定设计爬电比距时应留有适当裕度；裕度可在上述各步骤中综合考虑。

三、常用绝缘子的分类及应用

1. 瓷绝缘子

高压绝缘子用高强瓷是由石英、长石、黏土和氧化铝焙烧而成。瓷是一种脆性材料，它的抗压强度比抗拉强度大得多。瓷件表面通常以瓷釉覆盖，以提高其机械强度，防水浸润，增加表面光滑度。还有一种覆盖半导体釉的瓷绝缘子，当绝缘子表面泄漏电流增大时，釉面发热使表面水分蒸发，从而阻止表面局部电弧的产生与发展，遏制污闪的发生。

瓷绝缘子的特点是机械性能、电气性能良好，产品种类齐全，使用范围广。缺点是在污秽潮湿情况下，绝缘子在工频电压作用时绝缘性能急剧下降，常产生局部电弧，严重时会发生闪络；绝缘子串或单个绝缘子的分布电压不均匀，在电场集中的部位常发生电晕，产生无线电干扰，并容易导致瓷体老化。

瓷绝缘子又分为普通型和防污型。普通型绝缘子，应用于一般场合。防污型绝缘子又分为双伞型、三伞型、钟罩型、流线型（空气动力型）和大盘径绝缘子。双伞型和三伞型与普通型绝缘子相比，爬电距离比较大，伞形光滑，积污量少，自清洁性能好，便于清扫。钟罩型绝缘子伞棱深度比普通型大得多，伞槽间距离小，易于积污，且不便于人工清扫。流线型绝缘子由于其表面光滑，不易积污，便于人工清扫，因而比普通型或其他防污型绝缘子有一定优势。但由于爬距较小，且缺少能阻抑电弧发展延伸的伞棱结构，因而其抗污闪性能的提高也是有限的。有些地区为防止冰闪及鸟粪污闪，在横担下第一片用伞盘较大的流线型绝缘子可收到一定效果。

2. 玻璃绝缘子

玻璃绝缘子生产工艺简单，生产效率高。玻璃绝缘子主要成分是由 SiO_2、B_2O_3、Al_2O_3 等酸性氧化物与 Na_2O、K_2O 等碱性氧化物组成，原料为包括这些成分的硅砂、长石、硼砂、碳酸钙，还有其他许多天然原料和工业药品。还要加少量辅助材料作为澄清剂和还原剂。在 1300℃以上的高温下熔融成型后进行退火处理。急冷钢化使玻璃表层得到钢化。经过退火和钢化处理后，玻璃表面形成永久性的压应力，阻止其表面微裂纹的形成和扩散，使玻璃件机械强度显著提高。但由于工艺的原因，无法像瓷绝缘子通过双伞或三伞增加爬距，防污型玻璃绝缘子为取得较大的爬电距离，只有在伞裙下表面增加数个深棱来实现。当用于粉尘污染较严重的地区，因这种钟罩深棱的伞型自洁能力差、清扫不便，下表面结垢严重，造成耐污闪能力大大降低。

玻璃绝缘子特点是成串电压分布均匀，玻璃的介电常数为 7～8，比瓷的介电常数 5～6 大一些，因而玻璃绝缘子具有较大的主电容。耐电弧性能好。机械强度高，钢化玻璃的机械强度可达到 80～120MPa，是陶瓷的 2～3 倍，长期运行后机械性能稳定。由于玻璃的透明性，外形检查时容易发现细小裂纹和内部损伤等缺陷。玻璃钢绝缘子零值或低值时会发生自爆，便于发现事故隐患，无须进行人工检测。耐弧性能好，老化过程缓慢。缺点是遇外力破坏时裙件易裂，较瓷绝缘损坏率高，特别是早期自爆率较高，自爆后的残锤必须尽快更换，否则会因残锤内部玻璃受潮而烧熔，发生断串掉线事故。

3. 复合绝缘子

复合绝缘子的主要结构一般由伞裙护套、玻璃钢芯棒和端部金具三部分组成。其中，伞裙护套一般由高温硫化硅橡胶、乙丙橡胶等有机合成材料制成，芯棒一般是玻璃纤维作增强材料、环氧树脂作基体的玻璃钢复合材料；端部金具一般是外表面镀有热镀锌层的碳素铸钢或碳素结构钢。芯棒与伞裙护套分别承担机械与电气负荷，从而综合了伞裙护套材料耐大气老化性能优越及芯棒材料拉伸机械性能好的优点。硅橡胶是目前作为复合绝缘子伞群护套的最佳材料，其所特有的憎水迁移性能是硅橡胶能够成功地用于污秽区的关键所在。

复合绝缘子的特点是质量轻、体积小，质量只有瓷质或玻璃钢绝缘子的 10%～15%，方便安装、更换和运输。复合绝缘子属于棒形结构，内外极间距离几乎相等，一般不发生内部绝缘击穿，也不需要零值检测。绝缘子表面具有很强的憎水性，防污效果好。缺点是抗弯、抗扭性能差，承受较大横向压力时，容易发生脆断。伞盘强度低，不允许踩踏、碰撞。积污不易清扫。芯棒与护套、护套与伞盘、芯棒与金属端头、金属端头与伞盘多次形成结合面，每一个界面空气未排干净就会留有气泡或水分，在强电场作用下会首先放电炭化，并逐步扩大直至形成贯穿通道而击穿。

4. 其他

（1）棒形瓷绝缘子。长棒型瓷质绝缘子是在总结悬式绝缘子优缺点基础上，由双层伞实心绝缘子发展而来，它继承了瓷的电稳定性，消除了盘型悬式瓷绝缘子头部击穿距离远小于空气闪络距离的缺点，同时也改变了头部应力复杂的帽脚式结构。长棒型绝缘子有良好的耐污和自清洁性能，在同等长度和污秽条件下，其电气强度较瓷质盘式绝缘子高 10%～25%，由于绝缘子伞盘间无金具连接，相比盘型绝缘子串，在绝缘部分等长情况下，相当于增加 20%的爬距。长棒型瓷质绝缘子是一种不可击穿结构，避免了瓷质绝缘子发生钢帽炸裂而出现的掉串事故。长棒型绝缘子使无线电干扰水平改善，不存在零值或低值绝缘子问题，从而省去了对绝缘子的检测、维护和更换工作。但长棒型瓷质绝缘子是由数节串接而成（一般 500kV 线路为三节），节间设有均压环或招弧角，每一节间距离被短接约 30cm，其干弧距离较其他绝缘子同等长度下的短。另外，由于安装了节间保护环，使其串长增加，可能增大塔窗距离，暴露了长棒瓷绝缘子串较合成绝缘子串长的弱点。

（2）半导体釉绝缘子。半导体釉绝缘子是一种新型绝缘子，在绝缘子外层包含半导体釉，这种半导体釉的功率损耗使表面温度比环境温度高，从而在雾与严重污秽环境中可以防止由瓷凝聚所形成的潮湿，以此可以提高污秽绝缘子在潮湿环境下的工频绝缘强度。我国研发的锑锡半导体釉绝缘子，目前已取得良好的效果。

（3）瓷复合绝缘子

瓷复合绝缘子是在瓷盘表面附上硅橡胶复合外套，利用硅的憎水性，提高抗污能力。

5. 各种绝缘子的性能对比

不同类型线路绝缘子的性能比较见表 1–3。

表 1–3　　不同类型线路绝缘子的性能比较

常见故障	盘形瓷绝缘子	盘形玻璃绝缘子	棒形瓷绝缘子	棒形复合绝缘子	半导体釉绝缘子
雷击	闪络电压高，可能出现“零值”，概率决定于生产商，无招弧装置可能发生元件破损	闪络电压高，无招弧装置可能造成元件爆裂，概率决定于生产商	因装招弧角，闪络电压低，不会发生元件损坏与击穿	闪络电压略低，装均压环一般可使绝缘子免受电弧灼伤	闪络电压高，可能出现“零值”，概率决定于生产商，无招弧装置可能发生元件破损
污秽	耐污差，双伞型可改善自清洗功能，调爬方便	耐污差，防雾型可提高耐盐雾性能，调爬方便	自清洗良好，耐盐雾性能差，不能调爬	表面憎水性，耐污闪性能好，一般不需调爬	潮湿条件下保持表面干燥，耐污闪性能好，一般不需调爬
鸟害	需采用防护措施	需采用防护措施	需采用防护措施	需采用防护措施	需采用防护措施
风偏	“柔性”好，风偏小	“柔性”好，风偏小	“柔性”较好，风偏小	“柔性”较好，风偏大	“柔性”好，风偏小
断串	概率大小决定于生产商	概率极小	概率小	概率大小决定于生产商	概率大小决定于生产商
劣化	劣化速率决定于生产商	基本不存在劣化	不存在劣化	硅橡胶老化速率和芯棒“蠕变”决定于生产商和使用条件	劣化速率决定于生产商
外力	易损坏，残垂强度大	易损坏，残垂强度较大	易损坏，可能导致棒断裂	不易损坏	易损坏，残垂强度大
现场维护检测	维护工作量大，双伞型易人工清扫，检“零”麻烦	清扫周期短、工作量大	清扫周期长，但人工清扫困难，伞裙破损需立即更换	维护简便，缺陷检测困难	维护简便，检“零”麻烦

模块 6　导　地　线

【模块概述】本模块通过对导地线的种类、用途、规格型号等内容的讲解，熟悉导地线的相关知识及要求。

一、导线部分

1. 导线的用途及分类

导线是架空输电线路的重要组成元件，它通过绝缘子悬挂在杆塔上，用于输送电能。架空输电线路用导线一般有：钢芯铝绞线、铝合金绞线、钢芯铝合金绞线、防腐型钢芯铝绞线、分裂导线及一些新型导线。

（1）钢芯铝绞线。钢芯铝绞线即内层（或芯线）为单股或多股镀锌钢绞线，外层为单层或多层硬铝绞线。由于电的集肤效应，外层铝绞线主要起载流作用，内层钢绞线主要承受导线张力。对于普通程度钢芯，铝钢截面比 m=6.5～12 的称为轻型钢芯铝绞线，用于一般平丘地区的高压线路。m=5～6.5 的称为正常型钢芯铝绞线，用于山区及大档距线路。m=4～5.0 的称为加强型，用于重冰区及大跨越地段。$m\leqslant 1.72$ 的常称为特强型，多作为良导体架空地线用。另有钢芯稀土铝绞线与钢芯铝绞线结构尺寸相同，其导电率、延伸率、耐腐蚀性优于钢芯铝绞线。

（2）铝合金绞线。铝合金绞线即以铝、镁、硅合金拉制的圆单线或用多股做成绞线，抗拉强度接近铜，导电率及重量接近铝线，价格却比铜低，并具有较好的抗腐性能，不足之处是铝合金受振动断股的现象比较严重，使其使用受到限制。随着断股问题的解决，铝合金将成为一种很有前途的导线材料。

（3）钢芯铝合金绞线。钢芯铝合金绞线即在钢绞线外面扭绞铝合金股线，质量接近钢芯铝绞线，强度超过钢芯铝绞线和铝合金绞线。由于其抗拉强度大，用于超高压线路和大跨越地段。

（4）防腐型钢芯铝绞线。防腐型钢芯铝绞线即在钢芯或各层绞线间涂防腐剂，以提高绞线的抗腐蚀能力，其结构型式及机械、电气性能与普通钢芯铝绞线相同。该线共分轻防腐型（仅在钢芯上涂防腐剂）、中防腐型（仅在钢芯及内层铝线涂防腐剂）和重防腐型（在钢芯和内、外层铝线均涂防腐剂）三种。用于沿海及其他腐蚀性严重的地区。

（5）分裂导线。分裂导线即为抑制电晕放电和减少线路电抗所采取的一种导线架设方式。即每相导线由几根直径较小的分导线组成，各分导线间隔一定距离并按对称多角形排列。分裂导线相当于大大增加了导线的半径，其表面电位梯度小，临界电晕电压高，单位电抗小，电纳大，且无须专门制造。一般二分裂导线用于 220kV 和 330kV，500kV 线路采用四分裂或六分裂导线，750kV 采用六分裂导线，1000kV 采用八分裂导线。

（6）新型导线。

1）碳纤维复合芯铝绞线。它的芯线是由碳纤维为中心层和玻璃纤维包覆制成的单根芯棒，外层与邻外层铝线股为梯形截面。由于芯棒的外表面为绝缘体的玻璃纤维层，芯棒与铝股之间不存在接触电位差，能保护铝导体免受电腐蚀。另外，这种导线的外层由梯形截面形成的外表面远比传统的钢芯铝绞线表面光滑，提高了导线表面粗糙系数，有利于提高导线的电晕起始电压，能够减少电晕损失，降低电晕噪声和无线电干扰水平。具有强度大（比普通钢芯的抗拉强度几乎高一倍，与相同直径的钢芯铝绞线相比较，碳纤维芯铝绞线的综合拉断力是钢芯铝绞线的 1.5 倍）、导电率高、线膨胀系数小（约为普通钢芯的 1/8）、弛度小（在相同的载流量时，其高温弛度仅为钢芯铝绞线的 1/6）、载流量大（在相同的运行温度时，其允许载流量要比钢芯铝绞线大许多；在达到允许温度时，其允许载流量是钢芯铝绞线 2 倍）和质量轻（比重约为普通钢芯的 1/4）等优点。

2）耐热铝合金导线。一类是钢芯耐热铝合金绞线，它是在传统的钢芯铝绞线中用耐热铝合金线代替普通硬铝线而产生的，使其能在较高的温度下保持正常的工作机械强度，它的连续允许工作温度及短时容许工作温度比常规的钢芯铝绞线要提高 60℃以上，分别为 150℃及 180℃，因此大大提高了输电能力。另一类是殷钢芯耐热铝合金绞线，钢芯采用铁镍合金材料制成，由于这种材料的线膨胀系数比普通钢芯的线膨胀系数低许多，具有长度基本上不随温度变化的特点，在较高的温度状态下工作时，其弛度的增加量很小，是一种低弛度导线。具有允许工作温度高、载流量大、低弛度等特性。特别在线路增容改造时更能充分显示其优点，在施工中只需简单地将原有的导线替换成殷钢芯超耐热铝合金绞线或殷钢芯特耐热铝合金绞线，即可达到 2 倍的输送容量而不增加弛度，不需要更换原有的杆塔。

2. 导线规格和型号

架空线的规格、型号由材料、结构和标称载流面积三部分组成。材料和结构以汉语拼音的第一个字母大写表示，载流面积以平方毫米数表示。根据 GB 1179–83，标称截面积为 120mm^2 的铝绞线表示为 LJ–120，标称截面积铝为 300mm^2、钢 50mm^2 的钢芯铝绞线表示为 LGJ–300/50，标称截面积铝为 150mm^2、钢 25mm^2 的防腐型钢芯铝绞线则表示为 LGJF–150/25。根据 GB 9329–88，LH_AJ–400 表示标称截面积为 400mm^2 的热处理铝镁硅合金绞线，LH_BGJ–400/50 表示标称截面积为铝合金 400mm^2、钢 50mm^2 的钢芯热处理铝镁硅稀土合金绞线。

在 GB 1179–74 中将钢芯铝绞线按铝钢截面比的不同，分为正常型（LGJ）、加强型（LGJJ）和轻型（LGJQ）三种，型号后面的数字仅表示铝部的标称截面积。

3. 导线技术参数

（1）导线机械物理特性。导线机械物理特性主要有瞬时破坏应力、弹性系数、温度热膨胀系数及导线的质量。

1）导线的瞬时破坏应力。导线的瞬时破坏应力大小决定了导线本身的强度，瞬时破坏应力大的导线适用在大跨越、重冰区的架空线路，在运行中能较好防止出现断线事故。对导线做拉伸实验，将测得的瞬时拉断力除以导线的截面积，即得瞬时破坏应力

$$\sigma_P = \frac{T_P}{A} \tag{1–1}$$

式中 σ_P——瞬时破坏应力，MPa；

T_P——瞬时拉断力，N；

A——导线截面积，mm^2。

2）导线弹性系数。导线的弹性系数表示导线在张力作用下将产生弹性伸长，导线的弹性伸长引起线长增加、弧垂增大，影响导线对地的安全距离，弹性系数越大的导线在相同受力时其相对弹性伸长量越小。导线弹性系数是指在弹性限度内，导线受拉力作用时，其应力与现对变形的比值，可表示为

$$E = \frac{\sigma}{\varepsilon} = \frac{Tl}{a\Delta l} \tag{1–2}$$

式中 E——导线的弹性系数，MPa；

σ——导线受拉力时的应力，MPa；

ε——导线受拉力时现对变形；

T——作用于导线的轴向拉力，N；

l、Δl——导线的原长和受拉引起的绝对伸长，m。

3）导线的温度热膨胀系数。导线的温度热膨胀系数表示随着线路运行温度变化，其线长随之变化，从而影响线路运行应力及弧垂。导线温度升高 1℃所引起的相对变形，称为导线的温度热膨胀系数，可表示为

$$\alpha = \frac{\varepsilon}{\Delta t} \tag{1-3}$$

式中 α——导线的温度热膨胀系数，1/℃；

ε——导线由于温度变化所发生的相对变形；

Δt——温度变化量，℃。

4）导线的质量

导线的质量即导线单位长度质量，导线的质量的变化使导线的垂直荷载发生变化，从而直接影响导线的应力及弧垂。导线的质量常以每千米长导线的质量值表示，单位为 kg/km。

（2）导线的比载。作用在架空线上的荷载有自重、冰重和垂直于线路方向的水平风荷载。为便于计算，工程中用比载来计算导线的荷载。所谓比载，是指单位长度架空线上所受的荷载折算到单位截面积上的数据，单位是 N/m・mm^2 或 MPa/m。常用的比载有 7 种，根据作用方向的不同，可分为垂直比载、水平比载和综合比载。

为清楚起见，覆冰厚度为 b、风速为 v 时的比载采用符号 $\gamma_i(b, v)$表示。

1）垂直比载。垂直比载包括自重比载和冰重比载，作用方向垂直向下。

自重比载是架空线自身的质量引起的比载，其大小可认为不受气象条件变化的影响。自重比载 γ_1 计算公式如下：

$$\gamma_1(0,0) = \frac{qg}{A} \times 10^{-3} \text{（MPa/m）} \tag{1-4}$$

式中 q——架空线的单位长度质量，kg/km；

A——架空线的截面积，mm^2；

g——重力加速度，g=9.806 65m/s^2。

覆冰厚度已知时，单位长度架空线上的覆冰体积为

$$V = \frac{\pi}{4}[(d+2b)^2 - d^2] = \pi b(d+b) \tag{1-5}$$

若取覆冰密度 ρ =900kg/m^3=0.9×10^{-3}kg/（m・mm^2），则冰重比载为

$$\gamma_2(b,0) = \frac{\rho \pi b(d+b)g}{A} = 27.728\frac{b(d+b)}{A} \times 10^{-3} \text{（MPa/m）} \tag{1-6}$$

式（1–5）和式（1–6）中 b——覆冰厚度，mm；

d——架空线外径，mm。

垂直总比载是自重比载与冰重比载之和，见式（1–7）。

$$\gamma_3(b,0)=\gamma_1(0,0)+\gamma_2(b,0) \quad （1–7）$$

2）水平比载。水平比载是由导线受垂直于线路方向的水平风压引起的比载，包括无冰风压比载和覆冰风压比载。

作用于导线上的风压是空气运动时的动能所引起的。单位体积空气的动能作用在导线单位截面积上的“理论风压”为$W_v=0.612\,8v^2$。考虑到整个档距的风速不可能一样大，且导线所受风压与其体形有关，无冰时的风压比载按下式计算：

$$\gamma_4(0,v)=\alpha_f cd\frac{W_v}{A}\sin^2\theta\times10^{-3} \text{（MPa/m）} \quad （1–8）$$

式中 α_f——风速不均匀系数，对于 330kV 及以下输电线路取表 1–4 中的系数，500kV 线路取表 1–5 中的数值；

c——风载体型系数，线径 d＜17mm 时 c=1.2，线径 d≥17mm 时 c=1.1；

d——架空线外径；

W_v——理论风压，W_v=0.6128v^2，Pa；

A——架空线截面积，mm^2；

θ——风向与线路方向的夹角。

表 1–4　330kV 及以下线路用风速不均匀系数 α_f

设计风速	20m/s 以下	20～30m/s	30～35m/s	35m/s 及以上
α_f	1.0	0.85	0.75	0.7

表 1–5　500kV 线路用风速不均匀系数 α_f

设计风速	15m/s	20m/s	20m/s 以上
α_f	0.75	0.61	0.61

架空线覆冰时，其直径由 d 变为 d+2b，迎风面积增大，同时风载体型系数也与未覆冰时不同。设计规程规定：无论线径大小，覆冰时的风载体型系数一律取 c=1.2。架空线覆冰时的风压比载计算式中的 d 改为 d+2b 即

$$\gamma_5(b,v)=\alpha_f c(d+2b)\frac{W_v}{A}\sin^2\theta\times10^{-3} \quad （1–9）$$

3）综合比载。综合比载有无冰综合比载和覆冰综合比载之分，分别等于相应气象条件下的垂直比载和水平比载的矢量和，如图 1–9 所示。

无冰有风时的综合比载是架空线自重比载和水平无冰风压比载的矢量和，即

$$\gamma_6(0,v)=\sqrt{\gamma_1^2(0,0)+\gamma_4^2(0,v)} \quad （1–10）$$

覆冰综合比载是架空线的垂直总比载和覆冰时的风压比载的矢量和，即

$$\gamma_7(0,v)=\sqrt{\gamma_3^2(b,0)+\gamma_5^2(b,v)}=\sqrt{[\gamma_1(0,0)+\gamma_2(b,0)]^2+\gamma_5^2(b,v)} \tag{1-11}$$

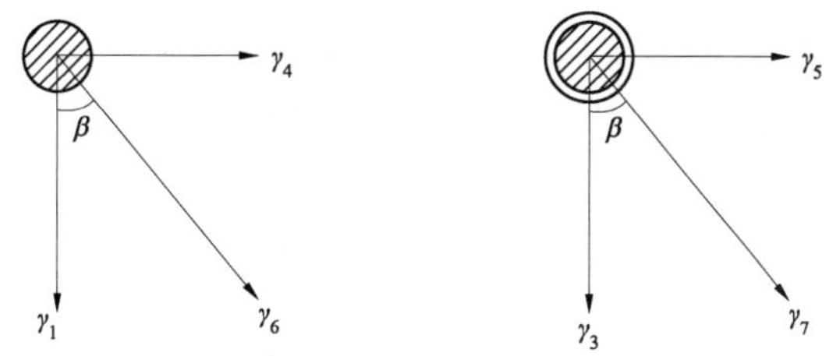

图 1–9　导线的综合比载

（3）导线的应力和弧垂。

1）导线应力。导线在单位面积上所受的张力，称应力。同一档距内，沿导线各点的应力是不相同的，悬挂点处的应力最大，导线最低点处的应力最小，一般说导线应力是指水平应力。

2）应力与弧垂的基本关系。导线弧垂的一般定义是指导线上任意一点至两侧悬挂点连线的垂直距离，f_x 为任意点 x 处的弧垂，f_0 为档距中点 $\frac{l}{2}$ 处的弧垂。工程中所谓弧垂除特殊说明外，均指档距中点弧垂，即最大弧垂。近似计算时，应力和弧垂的关系按下式计算：

$$f_x=\frac{\gamma}{2\sigma_0}l_a l_b \tag{1-12}$$

$$f_0=\frac{l^2\gamma}{8\sigma_0} \tag{1-13}$$

$$\sigma_A=\sigma_B=\sigma_0+\gamma f_0 \tag{1-14}$$

$$L_0=l+\frac{l^3\gamma^2}{24\sigma_0^2}=l+\frac{8f_0^2}{3l} \tag{1-15}$$

式（1–12）～式（1–15）中　f_x——导线任意弧垂，m；

f_0——导线最大弧垂，m；

σ_A、σ_B——悬挂点 A、B 处导线的应力；

L_0——导线长度，m；

l——导线档距，m；

l_a、l_b——计算弧垂点分别与两个悬挂点 A、B 距离；

σ_0——导线水平应力，MPa。

4. 档距

档距：指两相邻杆塔中心桩之间的水平距离，用符号 l 表示。

水平档距：指某杆塔两侧档距的平均值，即 $l_H=\frac{1}{2}(l_1+l_2)$。水平档距主要是为了计算杆塔承受的风压荷载。

垂直档距：指某杆塔两侧档距内导线最低点之间的水平距离，用符号 l_V 表示。垂直档距主要是计算杆塔承受的垂直荷载。对同一个杆塔垂直档距是随着气象条件的变化而变化的，当垂直档距为负值时，说明此时杆塔受上拔。

$$l_V = l_{V1} + l_{V2} = (l_1 + l_2) \pm \frac{\sigma_0}{\gamma}\left(\frac{h_1}{l_1} \pm \frac{h_2}{l_2}\right) \tag{1-16}$$

式中 γ、σ_0——计算气象条件时导线的垂直比载和应力，如计算气象条件无冰，比载取 γ_1，如有冰，比载应取 γ_3；

h_1、h_2——计算杆塔导线悬挂点与前后两侧导线悬挂点间高差；

l_1、l_2——计算杆塔两侧档距。

式中正负号的选取原则：以计算杆塔导线悬点高为基准，分别观测前后两侧导线悬点，如对方悬点低则取正，对方悬点高则取负。

水平档距、垂直档距示意图如图 1–10 所示。

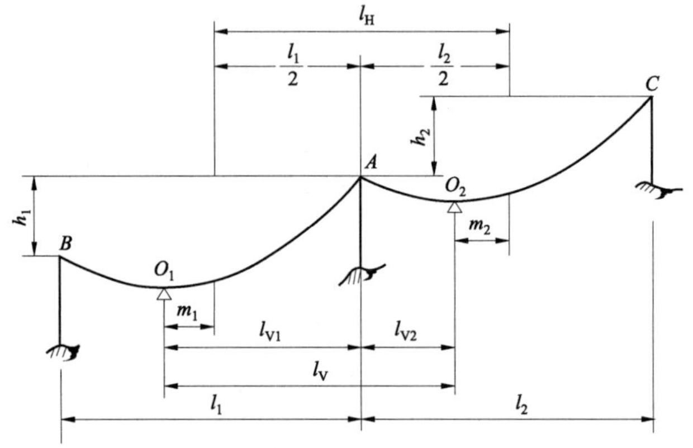

图 1–10　水平档距、垂直档距示意图

代表档距：是一个为了计算某一个耐张段内导线应力的假设档距，是为了简化应力计算，将具有若干连续档的耐张段用一个悬挂点等高的等价孤立档来代表，也叫规律档距，用符号 l_r 表示。

$$l_r = \sqrt{\frac{l_1^3 + l_2^3 + \cdots + l_n^3}{l_1 + l_2 + \cdots + l_n}} = \sqrt{\frac{\sum_{i=n}^{i=1} l_i^3}{\sum_{i=n}^{i=1} l_i}} \tag{1-17}$$

式中 l_1，l_2，…，l_n——耐张段中各档距。

临界档距：架空输电线路的导线应力是随着代表档距的不同和气象条件的改变而变化。对同一个耐张段来说，导线的应力只随着气象条件的变化而变化，当在两种不同气象条件下则出现最大使用应力的档距。

二、地线

地线是送电线路最基本的防雷措施之一，还兼用于减少潜供电流、降低工频过电压、改善对通信设施的干扰影响和作为高频载波通道。地线一般可分为一般地线、绝缘地线、屏蔽地线和光纤复合架空地线 4 种。

1. 一般地线

一般地线主要使用镀锌钢绞线，其型号的选择视所保护导线的型号而定，见表 1–6。重冰区、严重污秽区应提高一、二级或选用防腐型架空地线。验算短路热稳定时，地线的允许温度：钢芯铝绞线和钢芯铝合金绞线可采用+200℃；钢芯铝包钢绞线（包括铝包钢绞线）可采用+300℃；镀锌钢绞线可采用+400℃。500kV 线路的地线采用镀锌钢绞线时，标称截面不应小于 70mm^2。

表 1–6　　地线采用镀锌钢绞线时与导线的配合

导线型号		LGJ–185/30 及以下	LGJ–185/45～LGJ–400/35	LGJ–400/50 及以上
镀锌钢绞线最小标称截面积/mm^2	无冰区段	35	50	80
	覆冰区段	50	80	100

2. 绝缘地线

为了降低电能损耗，我国设计的超高压输电线路有的将地线加以绝缘。绝缘地线利用一只带有放电间隙的绝缘子与杆塔隔离开，雷击时利用放电间隙击穿接地，因此绝缘地线具有与一般地线同样的防雷效果。值得注意的是，绝缘地线上往往感应有较高的对地电压，对导线和地线都不换位时，330kV、500kV 线路绝缘地线的感应电压可分别达到 23kV 和 50kV 左右。因此对其任何操作都应按带电作业考虑。当绝缘地线仅用于防雷保护时，应采用分段绝缘中间接地。

3. 屏蔽地线

屏蔽地线与一般地线分段配合架设，以防止输电线路电磁感应对附近通信线路的影响。屏蔽地线需要使用良导电材料，目前多用 LGJ–95/55 钢芯铝绞线。因需耗用有色金属，成本较高，所以只在对重要通信线路的影响超过规定标准时才考虑架设屏蔽地线。

4. 光纤复合架空地线

光纤复合架空地线（Opticalfi bercompositeo verheadg roundwires，OPGW）是用于高压输电系统通信线路的新型结构的地线，具有普通架空地线和通信光缆的双重功能。

OPGW 结构：OPGW 由一个或多个光单元和一层或多层绞合单线组成，光单元是能容纳光纤，且能保护光纤免受环境变化、外力、长期与短期的热效应、潮气等原因引起的损坏。光单元可以包含金属管、塑料管、带槽的骨架或合适的阻水材料作为保护结构。几种常见的结构示意图，如图 1–11 所示。

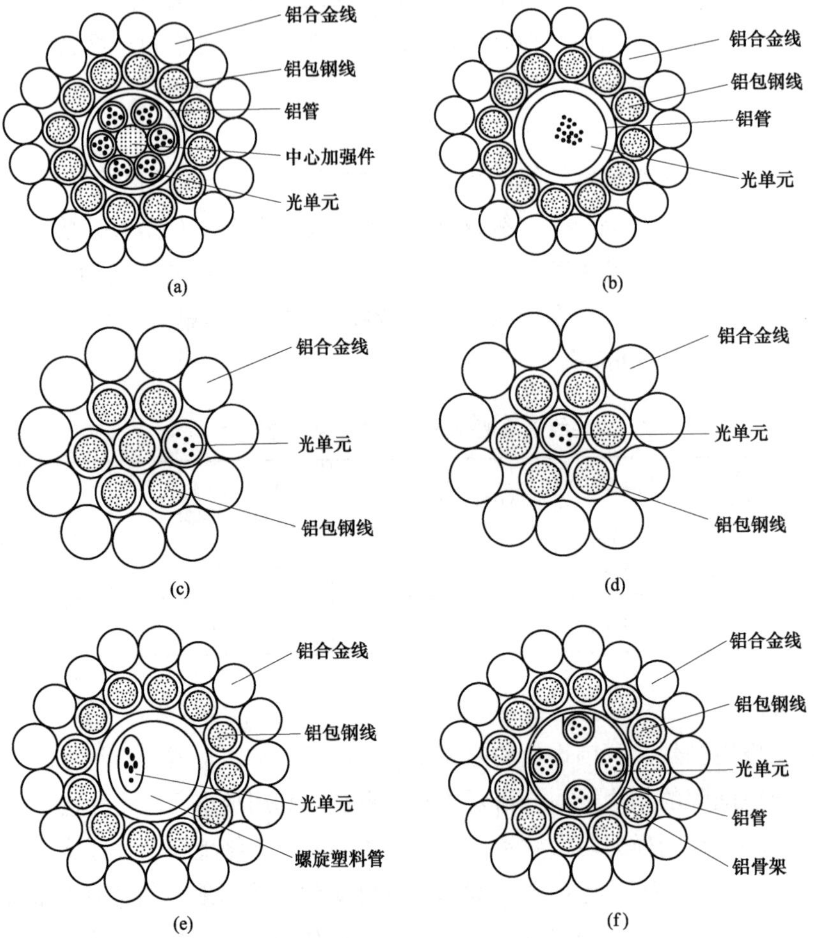

图 1–11　OPGW 结构图

（a）铝管十层绞塑管的 OPGW 结构；（b）中心铝管的 OPGW 结构；（c）层绞不锈钢管的 OPGW 结构；（d）中心不锈钢管的 OPGW 结构；（e）内螺旋塑料管的 OPGW 结构；（f）骨架槽的 OPGW 结构

模块 7　线　路　识　图

【模块概述】输电线路施工设计图纸主要由设计说明书、电气安装图、基础施工图、通信保护部分施工图等组成。施工设计图纸是适应地质情况、气象条件的技术依据，是用来开展设备订货、工程施工的技术文件。同时也是对线路投运后进行运行维护、设备管理的原始资料。本模块重点介绍输电线路施工图纸的作用、各部分内容及部分相关术语。

一、输电线路施工图作用

（1）设计单位根据施工的平、断面图确定杆塔的位置、型号、高度、基础型式、基础施工的基面以及需开方的工作量。

（2）施工图的主要作用是作为施工的技术资料和依据。施工时可根据平断面图确定放线、紧线的位置，观测弧垂的观测档；按照交叉跨越处所的垂直距离，对照现场情况，确定放、紧线过程中应采取的保护措施；对施工中工地布置、运输和器材堆放起明显的指导作用。

（3）根据杆塔基础施工图、杆塔组装图、绝缘子金具组装图以及接地施工图等图纸编制材料加工、供购计划，是编制施工工艺流程、施工组织设计的技术标准和依据。

（4）施工图是线路验收检查的依据，也是线路投运后日常运行的资料和原始依据。

二、图纸术语

（1）线路曲折系数。是线路路径长度与线路起点终点间直线距离的比值。

（2）导地线安全系数。是导地线计算拉断力与最大使用张力的比值。

（3）平面图（也称俯视图）。线路平面图包括线路转角塔的转角度数、转角方向、杆塔位置、档距、里程、耐张段长度、代表档距等线路通道环境情况。

（4）断面图（即平行线路断面，也称纵断面）。线路断面图包括沿线路中心线的断面地形，杆塔位置及各项地面物的位置、标高、里程、杆塔编号、杆塔型式、弧垂线等。

（5）应力弧垂曲线。为方便施工计算及线路在运行中的各种机械计算，通常将各个代表档距在各种气象条件下电线应力及有关弧垂计算出来，绘成随代表档距变化的曲线图，称为电线应力弧垂曲线或电线机械特性曲线。

（6）架线弧垂曲线。为方便导线的施工安装，将各个代表档距在各种气温条件下的电线弧垂计算出来，绘成随代表档距和温度变化的曲线图，称为架线弧垂曲线或架线安装曲线。

三、图纸内容

1. 施工图总说明及附图

（1）线路设计说明书。对线路的总体路径、气象区、导地线、杆塔、基础、绝缘配置、金具选择、接地、设计要点等进行说明。

（2）线路路径图。是在国家测绘部门出版的比例为1/50 000或1/100 000的地形图或复印图上，标出线路的起讫点的位置及中间所经点的位置。在该图上可量出线路的实际大致长度，同时可看出线路走径地形情况。

（3）杆塔一览图。

1）图上绘出了所设计线路的全部杆塔型式，图上可查出不同杆塔型号，各杆塔的设计水平档距、垂直档距、最大档距。

2）图上杆塔设计使用的导线、避雷线、气象区；杆塔不同呼高的根开尺寸和杆塔高度及横担长度。

3）图上尺寸均以 mm（毫米）为单位。

（4）线路进出两端变电站平面图。本图作为接线示意图，没有比例要求，主要绘出线路两侧终端杆塔上的相序排列和变电站进线的相序排列，便于施工时正确安装。

（5）线路相序图。

1）相序图作为示意图，没有比例要求，主要绘出线路上水平排列和垂直排列互相变换时杆塔上的导线相序排列情况。

2）导线换位示意图。

① 该图的平面图绘出一条线路的各处换位杆塔号、各换位段的长度和相序排列情况。

② 该图的立体图绘出各换位处杆塔上的导线相序排列情况。

2. 平断面图及明细表

（1）平断面图（即线路平面图和断面图的复合图）。

1）断面图（即平行线路断面也称纵断面）。

① 线路断面图要求严格，有一定的比例要求，一般情况高度比例是 1/500，但因地形或其他原因，设计上也有采用其他比例的情况。断面图在平断面图的上方。

② 线路断面图包括沿线路中心线的断面地形，杆塔位置及各交叉跨越和地面物的位置、标高、里程、杆塔编号、杆塔型式、弧垂线等。

2）平面图。

① 线路平面图要求严格，有一定的比例要求，一般情况是 1/2000，但因地形或线路长短原因，设计上也有采用其他比例的情况。平面图在平、断面图的下方。

② 平面图包括各种杆塔档距、里程、标高、耐张段长度、代表档距等。平面图还包括沿线路中心线左右两侧各 50m 内，各种跨越物与线路的交叉角度、与线路平行接近的位置，线路中心线附近的各种建筑物位置和接近距离，其他异样地形的位置、范围等情况。

（2）塔位明细表。是把线路平面图上的设计、施工运行所需要的各项主要数据，包括耐张段长度、塔位里程、杆塔位桩号、杆塔型式、线路转角、杆塔呼称高、档距、代表档距、杆塔施工基面及长短腿、基础型式、导线及地线绝缘子金具串组合、防振锤、间隔棒等安装方式及使用数量，被跨越物的名称及保护措施，各种杆塔基数，铁塔 ABCD 腿布置情况、横担布置方向及需要统一说明的事项汇集在一起，列成表格。便于设计、施工、运行使用。

3. 机电安装图

（1）导线和避雷线应力特性及架线弧垂曲线图。

1）导线和避雷线应力特性曲线反映了导线或避雷线在不同代表档距、不同气象条件下的应力值，其按一定比例绘制在米格纸上，便于施工校核查找和运行维护使用。

2）导线和避雷线架线弧垂曲线图反映了导线或避雷线在不同气温（一般是取线路通过地区的最高气温和最低气温）、不同代表档距条件下的架线弧垂曲线，其按一定比例（每10℃或5℃绘一条曲线）绘制在米格纸上，便于导线和避雷线施工时计算观测档弧垂。

3）导线和避雷线应力特性及架线弧垂曲线图在图上还注明了导线或避雷线的比载荷重和观测档弧垂计算公式，便于施工计算。

4）该图纸的横坐标表示代表档距，以m（米）为单位；纵坐标表示应力和弧垂，应力以MPa（兆帕）为单位，弧垂以m（米）为单位。

（2）导线绝缘子串组合图和避雷线金具组合图。

1）这类图纸作为施工示意图，没有绘制比例的要求。

2）这类图纸识图中主要是核对示意图中各元件的排列顺序、各元件的编号与绝缘子组合顺序表是否一致，材料表中的材料型号是否正确，其次是图纸上附有施工要求和说明。

（3）防振锤安装图。

1）该图列出了不同气象条件下，不同型号导线及避雷线在不同设计应力、不同风速时、不同代表档距范围内导线、避雷线的防振锤安装距离。

2）该图还列出了不同导线和避雷线在不同档距范围时的安装个数。

3）图上还绘出防振锤安装示意图和附有施工要求和说明。

（4）间隔棒安装表。

1）该图列出了不同档距导线间隔棒的安装距离和每档的安装个数。

2）图上还附有施工要求。

（5）接地装置施工图。

1）这类图纸作为施工示意图，没有绘制比例要求。

2）图上绘出了接地连接的示意图、所用结板和钢筋的尺寸［以mm（毫米）为单位］、数量、安装要求。

3）这类图纸还绘出接地装置在地下埋设的方位、埋设深度、长度和埋设后的接地电阻值。其埋设深度和长度均以m（米）为单位。

4. 杆塔施工图

（1）杆塔施工图绘制按制图要求有一定的比例，其制图是严格按标准进行绘制。

（2）杆塔施工图由杆塔型式单线示意图和分段结构图组成。

（3）单线示意图上有杆塔的设计参数、气象条件、荷重图，杆塔根开尺寸、基础作用力、底脚螺栓的直径和底脚螺栓安装间距。

（4）单线示意图标出杆塔分段长度、呼称高、塔头尺寸，杆塔材料汇总表列出使用材料名称、钢材号、规格、数量和质量等。

（5）分段结构图按比例绘制杆塔正面、侧面组装图，横担的正面和俯视图，并标出各分段的材料表，表中列出使用材料名称、钢材号、规格、数量和分段质量等。

（6）图上尺寸均以 mm（毫米）为单位。

5. 基础施工图

（1）基础施工图绘制按设计要求有一定的比例，其制图需严格按标准进行绘制。

（2）基础施工图的基础断面图（也称立面图基础），其图标出基础高度、立柱宽度、底板宽度，同时绘出立柱主筋与箍筋的安放间距、底板网筋的数量和安放间距，绘出底脚螺栓安放位置。

（3）基础施工图的基础俯视图（也称基础平面图），图上标出基础底板尺寸、立柱尺寸、底脚螺栓安放间距、底板网筋、角筋布置情况。

（4）立柱俯视图绘出立柱尺寸、立柱主筋安放位置、底脚螺栓安放位置，内外箍筋安放情况，同时标出主筋、外箍筋与立柱边缘的尺寸。

（5）基础施工图上标出整基塔基础施工示意图，并标出不同呼称高基础根开尺寸。

（6）施工图上标出一个基础的材料表，表中列出不同部位材料名称、使用规格、钢筋材料成型简图及尺寸、长度、数量、质量和混凝土等级、体积等。

（7）图上标注施工要求和说明。

（8）图上尺寸均以“mm（毫米）”为单位。

6. 通信保护施工图

（1）这类图上标出所跨越的弱电通信线的抗干扰保护改造的施工示意，没有比例要求。

（2）图上对改造的要求和施工说明。

第二章

输 电 线 路 六 防

输电线路长期暴露于大自然，受到自然的和人为的各种客观因素的影响，常常会出现各种故障，为尽量避免和减少故障发生，需要针对性制定和采取各种反事故措施。本章根据线路运行过程中易发生故障的类型，结合国家电网公司《输电线路六防工作手册》，介绍了相关的常用术语，以及运行管理过程中行之有效的防止故障发生的措施和方法。

模块1 防 污 闪

【模块概述】输电线路外绝缘污闪事故停电时间长，涉及面广，每次大面积污闪事故都影响十分严重。我国历史上曾多次发生大面积污闪停电的事故，给国计民生带来重大损失。因此输电线路的防污闪具有非常重要的意义。

一、相关概念

（1）污闪。是指电气设备的绝缘表面附着了固体、液体或气体的导电物质，在遇到雾、露、毛毛雨或融冰（雪）等气象条件时，绝缘表面污层受潮，导致电导增大，泄漏电流增加，在运行电压下产生局部电弧而发展为沿面闪络的一种放电现象。

（2）等值附盐密度（盐密，ESDD）。指从绝缘子的绝缘体表面清洗的自然沉积物溶解后，相当于氯化钠电导率的总量除以绝缘子表面积，一般表示为mg/cm^2。

（3）不溶物密度（灰密，NSDD）。指从绝缘子的绝缘体表面清洗的非可溶残留物总量除以表面积，一般表示为mg/cm^2。

（4）现场等值盐度（SES）。指进行盐雾试验时的盐度。用该盐度试验，在相同绝缘子和相同电压下，产生的泄漏电流峰值与现场自然污秽条件下的泄漏电流基本相同。

（5）饱和等值盐密、灰密。指经连续3年至5年或更长时间积污的参照绝缘子，在适当的时间段内测量到的等值盐密/灰密（ESDD/NSDD）的最大值，污秽取样须在积污季节后期进行，测量值具有饱和趋势的盐密/灰密。

（6）饱和系数。是指在相同电场形式下的同型式绝缘子饱和等值盐密/灰密值与平均年度等值盐密/灰密值之比。我国内陆地区绝缘子积污的饱和时间，北方为3～5年，南方约为3年。双伞型和普通型盘形绝缘子的饱和等值盐密可暂按平均年度等值盐密的1.6～1.9倍（南方按1.5～1.7倍）计算。

（7）带电系数 K_1。同型式绝缘子带电所测等值盐密/灰密（ESDD/NSDD）值与非带电所测等值盐密/灰密（ESDD/NSDD）值之比，K_1 一般为1.1～1.5。通常情况下，ESDD和NSDD的带电系数有差异时，以等值盐密的带电系数为主。

（8）爬电距离。是指在两个导电部分之间，沿绝缘体表面的最短距离，沿绝缘子绝缘表面两端金具之间的最短距离或最短距离之和。水泥和任何其他非绝缘材料的表面不认为是爬电距离的构成部分。如果绝缘子的绝缘件的某些部分覆盖有高电阻层，则该部分应认为是有效绝缘表面并且沿其上面的距离应包括在爬电距离内。

（9）泄漏比距。指电力设备外绝缘的爬电距离与设备额定电压之比，单位为cm/kV。（1996年及以前使用该术语）

（10）爬电比距。指电力设备外绝缘的爬电距离与设备最高电压之比，单位为cm/kV。（1997年至2006年使用该术语）

（11）统一爬电比距。指爬电距离与绝缘子两端最高运行电压（对于交流系统，通常为 $U_m/\sqrt{3}$）之比，通常表示为mm/kV。（2007年及以后使用该术语）

（12）参照绝缘子。指U70B/146、U160BP/170H普通盘形悬式绝缘子，或U70BP/146D、U160BP/170D双伞型盘形悬式绝缘子。通常4～5片组成一悬垂串用来测量现场污秽度。复合绝缘子（大小伞结构），通常使用1支来测量现场污秽度。

（13）现场污秽度（SPS）。指参照绝缘子经连续3～5年积污后获得的污秽严重程度ESDD/NSDD值，污秽取样须在积污季节结束时进行。

二、污秽物的类型

导致绝缘子发生闪络的污秽物有两种基本类型：

A类：含有非可溶性成分的固体污秽物沉积在绝缘子的绝缘体表面，当受潮时沉积物变为导电。该类污秽普遍存在于内陆、沙漠或工业污染区；沿海地区绝缘子表面形成的盐污层，在露、雾或毛毛雨的作用下，也可视为A类污秽。A类污秽含受潮时形成导电层的水溶性污秽物和吸入水分的不溶物。水溶性污秽物分为强电解质水溶性盐（高溶解度的盐）和弱电解质低水溶性盐（溶解度低的盐）。不溶物为不溶于水的污秽物，其主要功能表现为吸附水分，如尘土、水泥粉尘、煤灰、沙、黏土等。

B类：液体电解质沉积在绝缘子的绝缘体表面上，其含有很少的或不含非可溶性成分。这种类型的污秽物最好通过测量导电率或泄漏电流来表征其特性。该类污秽主要存在于沿海地区，海风携带盐雾直接沉降在绝缘表面上；通常化工企业排放的化学薄雾以及大气严重污染带来的具有高电导率的雾、毛毛雨和雪也可列为此类。内陆地区盐湖、盐场等地方产生的污秽也属此类。

按污秽的来源可分为以下三种。

（1）自然污秽。是指无人参与在自然条件所产生的污秽，如在空气中飘浮的微尘、海风带来的盐雾、盐碱严重地区大风刮起的尘土以及鸟类粪便等。

（2）工业污秽。是指在工业生产中所产生的工业型污秽，如火电厂、化工厂、水泥厂、煤矿、蒸汽机车等工业企业排出的烟尘或废气等。

（3）生活污染。现代化城市中汽车、摩托车等尾气污染，生活锅炉对市内线路的污染也是不可忽视的污秽源。

按污秽的形态可分为以下三种。

（1）颗粒性污秽。这种污秽物质一般是各种形式的颗粒，如氧化铝、氧化钙、氧化硅、铁粉、铝粉、镁粉等灰尘、烟尘。

（2）液体性污秽。如冷却塔、喷水池放出的水雾、水滴和酸雨等。

（3）气体性污秽。气体性污秽物质弥漫在空气中，且有很强的附着力，如各种化工厂排出的二氧化氮、二氧化硫、氯化氢等气体及海风带来的盐雾等。

三、环境的类型

污染环境可分为 4 类：沙漠型、沿海型、工业型和农业型。大气清洁（很轻污秽）区在我国主要存在于远离城镇的草原、森林及常年冰雪覆盖的山地高原。实际上，污秽环境往往由一种及以上污秽环境组合。

（一）沙漠型环境

广阔的沙土和长期干旱的地区，污秽层通常含有缓慢溶解的盐，不溶物含量高，属 A 类污秽。我国西北地区的沙漠、戈壁以及大片荒芜的盐碱地带是此类污秽环境的典型。风力是绝缘子染污的主要气象因素，而沙尘中的含盐量决定着现场污秽度的等级。此类地区雨季降雨可使其自然清洗，但由于沙漠戈壁降雨量往往很少，效果有限。每当清晨绝缘子表面凝露时，可能引起绝缘子闪络。

（二）沿海型环境

沿海岸波浪激起飞沫、海雾以及台风带来的海水微粒最具代表性，通常气象条件下海岸波浪激起飞沫影响距离不远，海雾影响可远至海岸数千米或 10km 以上，台风影响更可至海岸数十千米。此类污秽层多由溶解度高的可溶盐组成，相对不溶物含量偏低，通常在高电导率雾作用下迅速形成 B 类污秽层。平时沿海盐碱地通过风力作用也可形成对绝缘子表面的 A 类污染，其重污秽度的形成需要较长时期的积污。沿海污秽因可溶盐含量高，故附着力较差，易于雨水自然清洗。

（三）工业型环境

靠近工业污染源，因污染源类型的不同，绝缘子表面污秽层或含有较多的导电微粒如金属粒子，或含有易溶于水的氮氧化物（NO_x）和硫酸类（SO_x）气体形成的高溶解度的无机盐，或水泥、石膏等低溶解度的无机盐。此类污秽多属 A 类，不溶物含量相对较多，雨水自然清洗效果取决于绝缘子的伞型。其中建材类的水泥污秽可在绝缘子表面结垢，即使人工清扫也十分困难。

由于我国工业能耗以燃煤为主，发电、冶金高耗能企业的烟囱高度多在数十米、百米甚至二百米，因此烟气排放距离远，影响范围几十千米。因此，视野不及的区域内仍然可能受到工业污染的影响。

（四）农业型环境

位于远离城市与工业污染的农业耕作区，污秽源以土壤扬尘（A 类）及农用喷洒物（B 类）为主。绝缘子表面污秽层可能含有高溶解度的盐，也可能含有低溶解度的盐（如化肥、农药、鸟粪、土壤中的盐分与可溶性有机物）。通常此类污秽中不溶物含量较多，属 A 类污秽，其雨水自然清洗效果同样取决于绝缘子伞型。

四、污闪机理

（一）A 类污秽绝缘子污闪的阶段

污闪放电是一个涉及电、热和化学现象的错综复杂的变化过程。宏观上可将污闪过程分为以下 4 个阶段：绝缘子积污、污层的湿润、局部电弧的出现和发展、电弧发展完成闪络。

1. 绝缘子表面的积污阶段

输变电设备外绝缘长期在暴露环境中运行，其表面不可避免地会落上大气中烟尘、扬灰等各种污秽物，而且其电场吸附作用会使其表面的污秽高于其他物体。大气污染越严重的地区，绝缘子的积污也越严重。绝缘子积污是受风力、重力、静电力等多种因素影响的一个动态过程。一般来说，绝缘子表面的积污是一个缓慢变化的过程，但在沿海地区海风的袭击下可使污秽迅速建立。大雨对绝缘子表面的积污有清洗作用，在干旱少雨的季节里绝缘子表面的污秽量是逐渐积累，在多雨季节由于雨水的清洗作用会使绝缘子的积污量显著减少，特别是上表面的积污会明显少于下表面的积污。

2. 污层的湿润阶段

绝缘子表面的湿润过程和气象条件密切相关，大雾、凝露、毛毛雨、雨夹雪、黏雪、融雪、融冰、雾凇、雨凇等对污秽绝缘子是极为不利的气象条件。上述气象条件的出现和空气中的相对湿度密切相关，相对湿度的日变化主要决定于气温，当气温较高时，虽然蒸发加快使水汽压增大，但因饱和水汽压增大得更多，结果相对湿度反而减小；反之，当温度降低时，相对湿度则增大。这也是冬春季节易发生污闪的一个重要原因。一日之内从子夜到凌晨是相对湿度较大的时间。相对湿度的年变化一般是夏季小，冬季大。但在季风盛行的地区，相对湿度是夏季大、冬季小。在相对湿度较大的时间里，污秽绝缘子表面容易湿润，因而容易发生污闪。

3. 局部电弧的出现和发展阶段

绝缘子串在运行中，所受系统运行电压的作用是恒定不变的。绝缘子表面附着的不同程度的污秽物在干燥状态下电阻仍很大，流过污层的泄漏电流很小，一般不超过数百微安。电流经过污层，要产生电压降和焦耳热，由于绝缘子工作电位梯度很低，压降不足以引起放电，焦耳热也很小。但当污层逐渐受潮，泄漏电流逐渐增大时，焦耳热也逐渐增大，在电流密度较大的部位，如盘形悬式绝缘子的钢脚周围，由于发热较多，污层可能被烘干，烘干区的电压较集中。一般当泄漏电流达数毫安时，虽然沿污层的平均电位梯度仍然不高，但在烘干区的电位梯度足以使发生空气碰撞游离，在钢脚周围出现辉光放电现象。绝缘子继续处在湿润环境中，污层继续受潮，泄漏电流继续增大，辉光放电则有可能转变为电弧放电。这时放电转变为一根黄白色的通道，但这根电弧没有贯通两极，它只跨越了烘干区，叫作局部电弧，电弧的基本特点是放电呈下降伏安特性。随着电流的增大，弧电阻和压降随之降低。交流电弧的特点是电流示波图上有“零休”，即在电流过零瞬间，电弧会熄灭，随后又重燃。局部电弧是与剩余污层电阻串联的，对某一电阻值，都有一临界长度，弧长超过临界长度，电弧会熄灭。支撑在污层上的弧足温度很高，将扩大干区，好在局部电弧在干区有许多并联旁路，它可以沿干区旋转来适应自己的长度。当干区扩大到无法维持时，电弧就熄灭。但周围的湿润因素，会使干区缩小，电弧得以重燃。局部电弧可以在几秒钟内重复发生。

4. 闪络阶段

如果绝缘子的脏污比较严重，绝缘子表面又充分受潮，再加上绝缘子的泄漏距离较小。这些因素决定了绝缘子的湿污层的电阻较小，从而会出现较强烈的放电现象。在这种条件下跨越干区的放电形式为电弧放电，电弧呈黄红色并做频繁伸缩的树枝形状，放电通道中的温度可升高到热游离的程度。与这种放电形式相对应的泄漏电流脉冲值较大，可达数十或数百毫安，局部小电弧越强烈，相应的泄漏电流值越大。这种间歇脉冲状的放电现象的发生和发展也是随机的、不稳定的，在一定的条件下，局部电弧会逐步沿面伸展并最终完成闪络。

（二）B 类污秽闪络机理

B 类“瞬时污秽”指快速沉积在绝缘子表面上的高电导率污秽物的一种污秽。该类污秽在较短时间（<1h）内，使绝缘子从清洁向低电导状态改变直到闪络，其后又恢复为低电导状态。

B 类污秽的一种特例是鸟排泄物。鸟排泄时形成连续的、很高电导（20～40kΩ/m）的流体，其长度足以减小空气间隙而引起闪络。在这种情况下，绝缘子的几何形状和特性的作用可以不考虑。

（三）憎水性表面的污秽闪络机理

由于绝缘子具有动态特性的憎水性表面和具有导电和非导电的污秽物与湿润间存在着复杂的相互作用关系，使得截至目前还没有一种适合于具有憎水性表面的污秽闪络模型。但可以这样来定性地描述其闪络机理，即盐迁移到不稳定性的水滴中，表面形成液体的丝状，当电场强度足够高时，在液体丝状间或水滴间发生放电。

在运行中绝缘子的憎水性材料会遭受到积污、受潮、局部放电或高场强的动态过程的作用。其联合作用使绝缘子的部分或整个表面出现暂时的亲水特性，此时，可用亲水表面闪络过程来描述憎水性表面的污秽闪络过程。

五、绝缘子污闪的特点

根据长期的运行经验可以发现绝缘子污闪有如下特点。

（1）污闪事故一般均是在工频运行电压长时间作用下发生，即闪络电压低。以标准悬式绝缘子为例，在洁净干燥的条件下平均每片的闪络电压有75kV，在洁净淋雨状态下平均每片的闪络电压有 45kV，而在潮湿脏污的状态下平均每片的闪络电压可能不到10kV。这样在正常的工作电压下绝缘子串就可能发生污闪事故，从而构成对输电线路安全运行的最严重威胁。

（2）设备发生污闪时，同时多点跳闸的概率高，重合闸成功率低；即使重合成功，短时间内易发生重复跳闸。

六、污秽沉积和污闪影响因素

（一）污秽沉积过程

1. 典型积污过程

绝缘子表面污秽积聚过程，一方面是由空气尘埃微粒运动接近绝缘子的力所决定的，另一方面是由微粒和绝缘子表面接触时保持微粒的条件所决定的。作用在微粒上的三种力为风力、重力和电场力，风力是最主要的，电场力是最小的。带电微粒在直流电场中做定向运动，在交流电场中做振荡运动，作用在中性微粒上的电场力永远指向电力线密集的一端。重力只对较大的微粒起主要作用，只有将微粒排放到空气中才影响绝缘子的污染。空气运动的速度和绝缘子的外形决定了绝缘子表面附近的气流特性。在不生成湍流的光滑表面附近，污秽微粒运动相当快，这就减少了微粒降落在绝缘子表面的可能性，即使降下的微粒也可能被风吹掉。在绝缘子上形成湍流与气流速度降低的部位，是有利于污秽微粒沉积的。由于风力作用是主要的，室内无风处电场力作用明显，但在室外风大处的电场力作用被掩盖起来了。无风时污秽物主要沉降在绝缘子的上表面，有风时污秽物主要沉积在绝缘子的下表面。微粒能留在绝缘子表面，取决于尘土微粒同绝缘子表面间的黏附力和尘土微粒与微粒之间的黏聚力。粗糙表面上积聚的污秽量比光滑表面上多，在干净绝缘子表面上积污较慢，当表面上形成一薄层污秽后，积污速度加快，不应该根据新绝缘子在短期内的运行情况，对其积污能力做出匆忙结论。微粒之间的黏聚力比微粒与瓷表面或玻璃表面间的黏附力大，根据污物黏附能力的不同，可分为结壳性的（如水泥）和非结壳性的（如田野尘土）。另外，不同的绝缘子外形结构造成人工清扫的难易不同，也是影响长期积污的一个因素。

绝缘子上的积污过程具有复杂的动态特性，各种大气条件，如风、雨、雾、雪和湿度都对积污有影响，而且一种因素常可施加截然不同的影响。如风能扬尘，能把污秽物吹向绝缘子，有加重积污的作用，但当风速达一定速度后，又能把污秽物从绝缘子表面吹走，具有净化作用，而且在各种风速下污源周围地区内均有一定浓度的污秽物质，微粒沉降的有利条件是污秽物扩散很慢的无风情况。湿度使绝缘表面潮湿能积聚较多的污秽物，另一方面湿度又能防止或减弱干土上扬。雾能妨碍污物扩散，增加空气中污秽物的浓度，它和毛毛雨一样能促进污秽物沉积到绝缘子表面上，但较大的雨能冲掉污秽物，又有净化的作用。通常地面上空气层中的温度随高度而下降，此时空气垂直移动，冷空气下降，热空气上升，使地表上空污秽度减小。但在某些气象条件下（如晚上地表温度极冷时），可发生所谓的逆温度，即温度随高度的增加而增加。地表附近的空气似乎被罩在有限的空间内，此时地表附近的污秽物可达到极高的浓度，会大大促进积污。一般情况下，逆温层存在的时间很短，但也有存在数天的情况，有可能引起较大的污闪事故。

2. 快速积污过程

快速积污一般指沿海区域的高导电性海雾的积污形式，该快速积污形式属于自然条件下形成的，与人类活动无关。但近年来，另一种快速积污形式逐渐增多、日益显著，主要是在环境污染严重地区，长时间无降水且无强风条件下，大气中的污染物越聚越多、无法散开（沙尘暴等扬尘天气也可在短期内导致同样效果），这时第一场降水或降雪将空气中的污秽物大量带落，原本洁净的降水（雪）尚未落地已成为夹带大量污秽物的脏雨（雪），这种高导电性的雨（雪）使绝缘子表面在短时间内积累较多污秽物且同时提供潮湿条件，易导致绝缘子污闪。该快速积污形式与人类活动密切相关，且不仅局限于沿海地区，在广大内陆重污染地区均可能发生。

3. 雾霾对积污的影响

雾霾是雾和霾的组合。雾是近地面层空气中水汽凝结的产物，是由大量悬浮在空气中的微冰晶或小水滴组成的气溶胶系统，相对湿度＞90%，能见度在 1km 以内。霾是由空气中大量细微均匀的干尘粒组成的气溶胶系统，相对湿度＜80%，能见度在 10km 以内，空气中的灰尘、硝酸、硫酸、有机碳氢化合物等粒子组成霾颗粒，使视野模糊并导致能见度恶化。雾霾天气是雾与霾的混合物，通常发生在水汽充足、地表风速弱、对流层存在逆温层的气候条件下，空气中大量分布微小水滴与干尘结合的气溶胶与二次气溶胶，成分与作用过程复杂，相对湿度通常在 80%与 90%之间，能见度恶化，通常在 1km 与 10km 之间。

雾的产生需要具备较高的水汽饱和因素，而霾是因为城市中的污染物无法得到及时扩散，在近地面积聚。各种污染物在湿度较小、日照强烈情况下容易发生光化学反应，形成霾。雾与霾之间有一个非线性关系，在第一阶段，当气溶胶粒子足够多时，雾的出现天数与霾的出现天数都相对增加，而当大气中的水蒸气恒定，没有足够的水滴与气溶胶粒子结合时，就不会形成雾，只会形成霾。所以，霾现象的本质就是气溶胶污染，特别是细颗粒物（PM2.5，空气动力学直径小于 2.5μm 的颗粒物）污染。

初步研究表明雾霾会加重绝缘子的表面盐密的累积，颗粒粒径、湿度、雾霾浓度对积污都有影响，但短时间内影响都较小，对外绝缘的积污情况的改变并不大。长期雾霾对绝缘子积污的影响需要进一步研究。

（二）污秽物种类影响

1. 盐分的影响

（1）表面等值盐密的影响。绝缘子污闪特性与其表面的污秽度有直接的关系。大量的污闪试验数据表明，绝缘子污闪电压与等值盐密之间存在如下的关系：

$$U_{50\%} = A(\mathrm{ESDD})^{-n} \quad (2\text{-}1)$$

式中 $U_{50\%}$——平均每片绝缘子的50%闪络电压，kV/片；

ESDD——等值盐密，mg/cm^2；

A——常数；

n——污秽特征指数，可表征污闪电压随盐密的增加而衰减的规律。

A、n可通过大量污闪试验结果拟和得出。

（2）可溶盐种类对等值盐密的影响。绝缘子表面自然污秽中 $CaSO_4 \cdot 2H_2O$ 的大量存在使其污闪电压显著提高。如日本特高压线路设计时，将沿线污染源分为两类：一类是海洋污染，使用氯化钠模拟；另一类是粉尘污染，使用 $CaSO_4 \cdot 2H_2O$ 或 $CaSO_4 \cdot 1/2(H_2O)$ 模拟。进一步研究发现自然污秽中普遍存在的有机可溶物可程度不同地提高 $CaSO_4 \cdot 2H_2O$ 的溶解度，从而使污闪电压有所降低。

（3）有机可溶物对等值盐密的影响。研究表明，自然污秽物中普遍存在着可溶有机物，其中影响 $CaSO_4 \cdot 2H_2O$ 溶解度的有机物可分为四类：

① 有机酸（如异构乳清酸、氰基醋酸等）；

② 有机酸钾盐（如脂酸钾、反丁烯二酸钾、丙酸锌等）；

③ 有机碱盐酸盐加成化合物（如吗啉盐酸盐、可待因盐酸盐、亮氨酰胺盐酸盐、奎宁溴化氢等）；

④ 尿素及其与硝酸盐加成化合物。

有机物存在使 $CaSO_4 \cdot 2H_2O$ 溶解度提高，从而降低闪络电压，污闪风险增大。

2. 灰密的影响

在影响绝缘子污秽闪络电压的诸多因素中，灰密作用最大，灰密对绝缘子污闪电压的影响包括其自身吸水性能的强弱和灰密的大小两个方面。

一般来说，灰密越大，污闪电压越低，污闪风险越大。

3. 上下表面污秽分布的影响

污秽的不均匀分布包括污秽在绝缘子上下表面的不均匀分布、污秽沿绝缘子串方向的不均匀分布和污秽沿绝缘子周向的不均匀分布。同种污秽度条件下，污秽物越均匀，污闪电压越低，污闪风险越大。

4. 气压的影响

与平原地区相比，高海拔地区的污闪问题更为严重。据运行部门统计，高海拔地区高压输电线路的污闪事故屡有发生，我国高海拔地区的污闪问题比低海拔地区更为突出。国内外多年对高海拔、低气压条件下的污闪问题的研究表明，随海拔升高或气压降低，绝缘子的污闪电压也要降低，而且降低的幅度还较大。换句话说，与平原地区相比，高海拔地区的输变电设备的外绝缘要选择较高的绝缘水平，海拔越高，绝缘水平越高。

（三）污层湿润的影响

1. 雾

雾是在气温低于露点时生成的。一般浓雾中的大部分水滴的直径为 2～15mm，雾的含水量约为 0.03～0.5R/m^3，温度高则含水量大，雾滴数密度为每立方厘米数百个，雾层厚度一般可达 20～50m，雾的持续时间为 1.5h 至数昼夜。在清晨出现的雾称为晨雾，晨雾一般持续数小时，至午即散。在海上出现的雾称为海雾，海雾中可能包含盐分，盐是很好的雾核，浓雾是最危险的污闪因素，不仅因为它的水分能湿润污层而不冲刷污层，还因为它持续时间长，分布范围广。又由于气流的作用，雾能湿润绝缘子下表面，不像毛毛雨仅能湿润绝缘子上表面，一般在相同条件下，由雾湿润的绝缘子污闪电压比由毛毛雨湿润的约低 20%～30%。

2. 毛毛雨

雨量达 8～16mm/h，落地回溅高达十余毫米的大雨或雨量达 2.6～8.0mm/h，落地回溅的中雨，均能冲洗绝缘子和提高绝缘子的绝缘性能。雨量小于或等于 2.5mm/h 的小雨，尤其是雨滴直径为 0.2～0.5mm，雨量为 0.5mm/h，雨滴密而强度小的毛毛雨，才是污闪的真正威胁。因为它们能湿润污层，却不能冲洗污层，造成污秽层导电，从而引发污闪。

3. 露

露是贴近地面的空气受地面辐射冷却的影响而降温到露点以下，所含水汽的过饱和部分在地面或地物表面上凝结而成的水珠。露大多在暖季的夜间到清晨的一段时间内形成。露成为影响污闪的因素，是指空气中的水分在温度低于周围空气的绝缘子上出现的冷凝物，即露水。露和雾一样能湿润污层而不冲刷污层，露也能使绝缘子上下表面都湿润。露虽分布很广但持续时间不长。虽然雾、露、毛毛雨并列为污闪的危险因素，但其中雾的危险最严重，在个别地区或条件下，露也有可能成为主要矛盾。如沙漠干旱地区，年降雨量很小，昼夜温差很大，可能由于凝露，污闪也很严重。我国江南水乡多露，由于露引起的污闪也不少，尤其是一些室内污闪，则可能都由凝露引起。又如所谓日出事故（黎明跳闸），一般都是绝缘子表面可以快速溶解的电解质被露水短时浸湿引起闪络所致。

4. 冰（雪）

冰是水的凝固物，本身不导电，对污闪无危险。雪是固态降水物，也对污闪无危险。

但雨夹雪或湿雪对污闪是有危险的。当天气转暖时，绝缘子表面的冰、雪开始融化，造成污秽层湿润导电，易导致线路发生污闪故障。

5. 表面憎水性的影响

复合绝缘子和防污闪涂料表面具有良好的憎水性，其防污闪能力明显高于瓷绝缘子和玻璃绝缘子，其在线路上使用的污闪故障次数远低于发生在瓷和玻璃绝缘子上的污闪故障次数。

七、交流线路现场污秽度等级的划分

（一）污秽等级分类

根据《电力系统污区分级与外绝缘选择标准》（Q/GDW 152），从非常轻到非常重定义了下列 5 个污秽等级来表征现场污秽的严重程度：

a—非常轻；

b—轻；

c—中；

d—重；

e—非常重。

注：该字母等级不直接与有关标准中的数字等级对应。

污秽等级划分的具体方法按 Q/GDW 152 的规定进行。在绘制污区图时不应出现污秽等级跳变。

（二）污秽等级确定方法

1. 交流线路污秽等级划分原则

污秽等级应根据典型环境和合适的污秽评估方法、运行经验、现场污秽度（SPS）三个因素综合考虑划分，当三者不一致时，按运行经验确定。

现场污秽度的评估可以根据置信度值递减并按以下顺序进行：

（1）邻近线路和变电站绝缘子的运行经验与污秽测量资料；

（2）现场测量等值盐密和灰密；

（3）按气候和环境条件模拟计算污秽水平；

（4）根据典型环境的污湿特征预测现场污秽度。

典型环境污湿特征与相应现场污秽度评估示例见表 2–1。

表 2–1　　典型环境污湿特征与相应现场污秽度评估示例（1）

示例	典型环境的描述	现场污秽度分级	污秽类型
E1	很少人类活动，植被覆盖好，且： 距海、沙漠或开阔干地＞50km[①]； 距上述污染源更短距离内，但污染源不在积污期主导风向上； 位于山地的国家级自然保护区和风景区（除中东部外）	a 非常轻[②]	 A A A

续表

示例	典型环境的描述	现场污秽度分级	污秽类型
E2	人口密度 500～1000 人/km² 的农业耕作区，且： 距海、沙漠或开阔干地＞10～50km； 距大中城市 15～50km； 重要交通干线沿线 1km 内； 距上述污染源更短距离内，但污染源不在积污期主导风向上； 工业废气排放强度小于 1000 万标 m³/km²； 积污期干旱少雾少凝露的内陆盐碱（含盐量小于 0.3%）地区； 中东部位于山地的国家级自然保护区和风景区	b 轻	A A A A A A A
E3	人口密度 1000～10 000 人/km² 的农业耕作区，且： 距海、沙漠或开阔干地＞3～10km③； 距大中城市 15～20km； 重要交通干线沿线 0.5km 及一般交通线 0.1km 内； 距上述污染源更短距离内，但污染源不在积污期主导风上； 包括地方工业在内工业废气排放强度不大于 1000 万～3000 万标 m³/km²； 退海轻盐碱和内陆中等盐碱（含盐量 0.3%～0.6%）地区	c 中	A A A A A A A
E4	距上述 E3 污染源更远（距离在“b 级污区”的范围内），但： 在长时间（几星期或几月）干旱无雨后，常常发生雾或毛毛雨； 积污期后期可能出现持续大雾或融冰雪的 E3 类地区； 灰密在 5～10 倍的等值盐密以上的地区	c 中	 A/B B A
E5	人口密度大于 10 000 人/km² 的居民区和交通枢纽； 距海、沙漠或开阔干地 3km 内； 距独立化工及燃煤工业源 0.5～2km 内； 地方工业密集区及重要交通干线 0.2km； 重盐碱（含盐量 0.6%～1.0%）地区； 采用水冷的燃煤火电厂	d 重	A A/B A/B A/B A
E6	距比 E5 上述污染源更远（与“c 级污区”区对应的距离），但： 在长时间（几星期或几月）干旱无雨后，常常发生雾或毛毛雨； 积污期后期可能出现持续大雾或融冰雪的 E5 类地区； 灰密在 5～10 倍的等值盐密以上的地区	d 重	 A/B B A
E7	沿海 1km 和含盐量大于 1.0%的盐土、沙漠地区； 在化工、燃煤工业源区内及距此类独立工业源 0.5km； 距污染源的距离等同于“d”区，且： 直接受到海水喷溅或浓盐雾； 同时受到工业排放物如高电导废气、水泥等污染和水汽湿润	e 非常重	A/B A/B B A/B

① 大风和台风影响可能使 50km 以外的更远距离处测得很高的等值盐密值；
② 在当前大气环境条件下，除草原、山地国家级自然保护区和风景区以及植被覆盖较好的山区外的中东部地区电网不宜设 a 级污秽区；
③ 取决于沿海的地形和风力。

2. 污秽等级确定

图 2–1 给出了普通盘形悬式绝缘子与每一现场污秽度等级相对应的等值盐密/灰密值的范围，该各污秽等级所取值是趋于饱和的连续 3 年至 5 年积污的测量结果，根据现有运行经验和污耐受试验确定的。

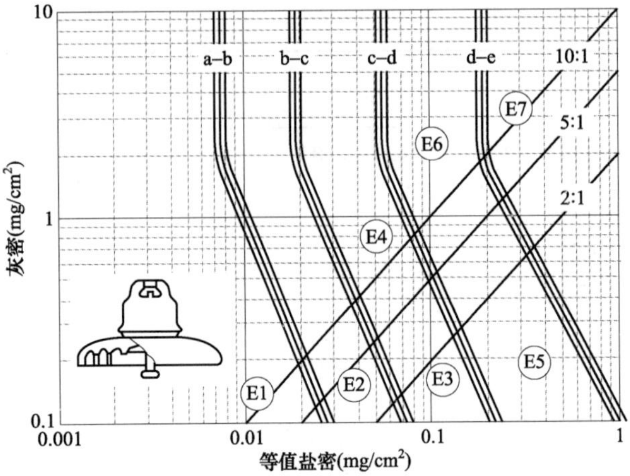

图 2–1　普通盘形悬式绝缘子现场污秽度与等值盐密/灰密的关系

注 1：E1～E7 对应表 2–1 中的 7 种典型污秽示例，a–b、b–c、c–d 和 d–e 为各级污区的分界线。

注 2：三条直线分别为灰密/等值盐密比值为 10:1、5:1 和 2:1 的灰盐比线。

图 2–1 中数值是各级污区所用统一爬电比距，并基于我国电网参照绝缘子表面自然积污实测结果和计及自然积污与人工污秽差别的污耐受试验计算而得。现场污秽度从一级变到另一级不发生突变。

（三）无输电线路区域的污区划分

应比照污秽情况、气象条件相类似的地点或地区的污区划分，并辅以如下措施：

（1）现场测量，如非带电绝缘子作为现场污秽度测量值；

（2）参照相似条件根据已运行线路绝缘子现场污秽度测量值来确定。

八、直流线路的污秽等级划分

（一）污秽度等级分类

根据《电力系统污区分级与外绝缘选择标准》（Q/GDW 152），直流现场污秽度从非常轻到重分为 4 个等级：

A—非常轻；

B—轻；

C—中等；

D—重。

注：该字母表示的等级与交流系统分级不一一对应，选择绝缘子时，需考虑现场污秽度的具体数值。

（二）现场污秽度评估方法

现场污秽度的评估可以根据置信度值递减并按以下顺序进行：

（1）邻近或环境相似直流系统的运行经验与污秽测量资料；

（2）直流带电绝缘子的现场等值盐密和灰密测量值（含直流电场中模拟串）；

（3）根据相邻或环境相近的交流系统的污秽程度信息通过交直流积污比计算得出污

秽水平；

（4）按气候和环境条件模拟计算污秽水平；

（5）根据典型环境的污湿特征预测现场污秽度。

运行经验主要依据已有直流系统运行绝缘子的污闪跳闸率和事故记录、放电或爬电现象、地理和气象特点、采用的防污闪措施等情况而定。

现场等值盐密和灰密测量，通常在带电悬垂绝缘子串上取样获得；也可在处于直流场中的不带电悬垂绝缘子串上取样获得。测量的准确性取决于测量的频度，更多次数的测量可提高准确性。

直流多年与一年积污比暂取交流测试数据。

利用交流系统的污秽程度信息，根据交流现场污秽度（等值盐密）和直交流积污比确定直流现场污秽度。直交流积污比用污秽物颗粒度和积污期平均风速来描述。

如条件允许，尽可能积累耐张积污数据。

典型环境污湿特征与相应现场污秽度评估示例见表 2–2。

表 2–2　　典型环境污湿特征与相应现场污秽度评估示例（2）

示例	典型环境的描述	现场污秽度分级	污秽类型
E1	常年冰雪覆盖的山地及很少人类活动，植被覆盖好，山区、草原、湿地、农牧业区（重要交通干线 1km 以内除外）。且： 距海岸、沙漠、高耗能企业群山区或开阔干地＞50km[①]； 距上述污染源更短距离内，但污染源不在积污期主导风向上； 位于山地的国家级自然保护区和风景区（除中东部外）	A 非常轻[②]	A A A
E2	人口密度 500～1000 人/km^2 的农业耕作区，且： 距海、沙漠或开阔干地＞10～50km； 距大中城市 15～50km； 重要交通干线沿线（含航道）1km 内； 距上述污染源更短距离内，但污染源不在积污期主导风向上； 工业废气排放强度小于 1000 万标 m^3/km^2，且距独立高耗能企业＞3～5km（上风向 6～10km）； 积污期干旱少雾少凝露的内陆盐碱（含盐量小于 0.3%）地区； 中东部位于山地的国家级自然保护区和风景区	B 轻	A A A A A A A
E3	人口密度 1000～10 000 人/km^2 的农业耕作区，且： 距海、沙漠或开阔干地＞3～10km[③]； 距大中城市 15～20km，距城镇及人口密集区 1～2km 或紧邻村庄； 距独立化工及燃煤工业源、重要交通干线沿线 1km 及一般交通线 0.1km 内； 距上述污染源更短距离内，但污染源不在积污期主导风上； 包括地方工业在内工业废气排放强度不大于 1000～3000 万标 m^3/km^2； 退海轻盐碱和内陆中等盐碱（含盐量 0.3%～0.6%）地区	C 中	A A A A A A A
E4	距上述 E3 污染源更远（距离在“B”的范围内），但： ● 在长时间（几星期或几个月）干旱无雨后，常常发生雾或毛毛雨； ● 积污期后期可能出现持续大雾或融冰雪的 E3 类地区； ● 灰密在 6～10 倍的等值盐密以上的地区	C 中	A/B B A

续表

示例	典型环境的描述	现场污秽度分级	污秽类型
E5	人口密度大于 10 000 人/km² 的居民区和交通枢纽； 距海、沙漠或开阔干地 5km 内； 距独立化工及燃煤工业源 1km 内； 地方工业密集区及重要交通干线 0.2km； 重盐碱（含盐量 0.6%～1.0%）地区； 采用水冷的燃煤火电厂，距比上述污染源更长的距离（与“C”区对应的距离），但： ● 在长时间（几星期或几个月）干旱无雨后，常常发生雾或毛毛雨； ● 积污期后期可能出现持续大雾或融冰雪的 E5 类地区； ● 灰密在 6～10 倍的等值盐密以上的地区	D 重	A A/B A/B A/B A A/B B A
① 大风和台风影响可能使 50km 以外的更远距离处测得很高的等值盐密值； ② 在当前大气环境条件下，除草原、山地国家级自然保护区和风景区以及植被覆盖较好的山区外的中东部地区电网不宜设 A 级污秽区； ③ 取决于沿海的地形和风力。			

图 2–2 给出了直流盘形悬式绝缘子与每一现场污秽度等级相对应的等值盐密/灰密值的范围，该值是趋于饱和的连续 3 年至 5 年积污的测量结果，根据现有运行经验和直流污耐受试验确定的。图中数值是基于我国电网直流系统外绝缘设计传统分级方法，根据直流参照绝缘子表面自然积污实测结果和计及自然积污与人工污秽差别的直流污耐受试验计算而得。现场污秽度从一级变到另一级不发生突变。

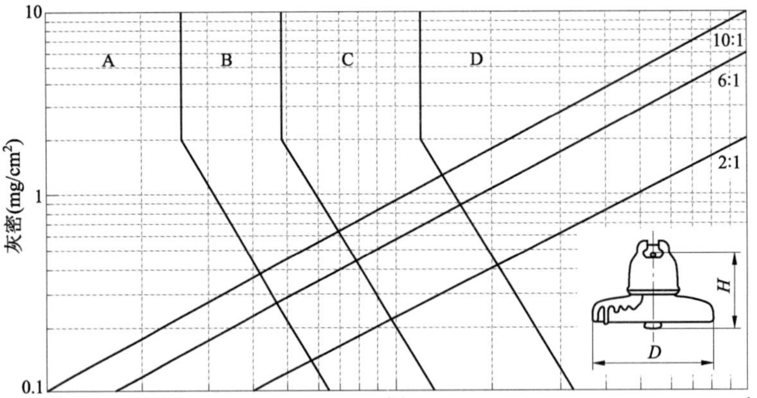

图 2–2　直流盘形悬式绝缘子现场污秽度与等值盐密/灰密的关系

注 1：E1～E5 对应表 2–2 中的 5 种典型污秽示例，A–B、B–C、C–D 为各级污区的分界线。

注 2：三条直线分别为灰密/等值盐密比值为 10:1、6:1 和 2:1 的灰盐比线。

另外，表示复合绝缘子与每一现场污秽度等级相对应的等值盐密/灰密值的范围的污区如图 2–3 所示。只有获得在同种污秽条件下复合绝缘子和瓷（玻璃）绝缘子积污差别，才能制定以复合绝缘子作为参照绝缘子的污区图。由于数据较少，目前以复合绝缘子作为参照绝缘子的污区图只能是示意图，根据天广实测数据，复合/盘形的积污比饱和值暂取 0.8。

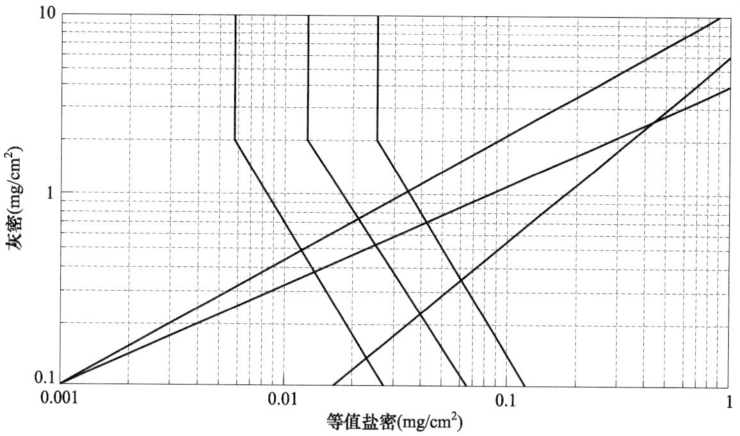

图 2–3 复合绝缘子（大小伞）现场污秽度与等值盐密/灰密的关系（示意图）

九、技术措施

防污闪的技术措施主要包括更换复合绝缘子、喷涂防污闪涂料、加装防污闪辅助伞裙、瓷复合绝缘子等措施。

（1）更换复合绝缘子。将线路原有的瓷质绝缘子或玻璃绝缘子更换为复合绝缘子是防污闪重要的技术措施之一。复合绝缘子除了具有优异的防污性能外，其机械强度高、体积小、重量轻，运行维护简便，经济性高。复合绝缘子属于不可击穿型结构，不存在零值检测问题。

（2）喷涂防污闪涂料。防污闪涂料，包括常温硫化硅橡胶及硅氟橡胶（RTV，含 PRTV）属于有机合成材料，主要成分均为硅橡胶，主要应用于喷涂瓷质或玻璃绝缘子，提高线路绝缘水平。防污闪涂料的防污性能表现在憎水性及其憎水性的自恢复性，憎水性的迁移性。在绝缘子表面施涂 RTV 硅橡胶防污闪涂料后，所形成的涂层包覆了整个绝缘子表面，隔绝了绝缘子和污秽物质的接触。当污秽物质降落到绝缘子表面时，首先接触到的是 RTV 硅橡胶防污闪涂料的涂层。涂层的性能就变成了绝缘子的表面性能。当 RTV 硅橡胶表面积累污秽后，RTV 硅橡胶内游离态憎水物质逐渐向污秽表面扩展。从而使污秽层也具有憎水性，而不被雨水或潮雾中的水分所润湿。因此该污秽物质不被离子化，从而能有效地抑制泄漏电流，极大地提高绝缘子的防污闪能力。

（3）加装防污闪辅助伞裙。防污闪辅助伞裙（即通常的硅橡胶增爬裙），指采用硅橡胶绝缘材料通过模压或剪裁做成硅橡胶伞裙，覆盖在电瓷外绝缘的瓷伞裙上表面或套在瓷伞裙边，同时通过黏合剂将它与瓷伞裙黏合在一起，构成复合绝缘（见图 2–4）。

图 2-4　辅助伞群及加装效果图

（4）瓷（玻璃）复合绝缘子。瓷（玻璃）复合绝缘子综合了瓷（玻璃）绝缘子和复合绝缘子的优点，一是端部连接金具与瓷（玻璃）盘具有牢固的结构，保持了原瓷（玻璃）绝缘子稳定可靠的机械拉伸强度；二是在瓷（玻璃）盘表面注射模压成型硅橡胶复合外套，又使其具备了憎水、抗老化、耐电蚀等一系列优于瓷绝缘子的特点（见图 2-5）。

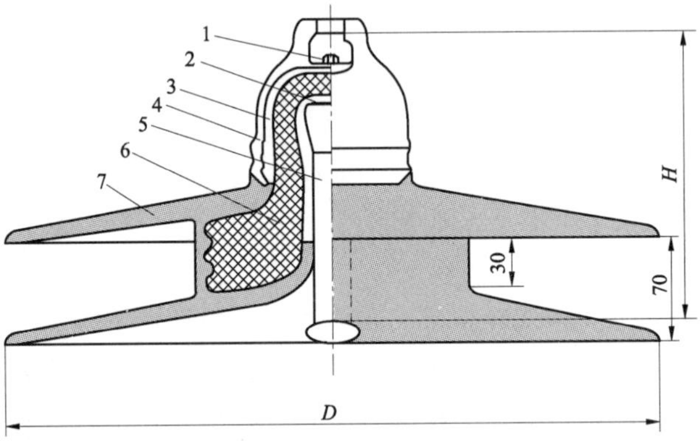

图 2-5　瓷（玻璃）复合绝缘子剖面图

1—锁紧销；2—垫片；3—水泥胶合剂；4—铁帽；5—钢脚；6—瓷件；7—复合外套

模块 2　防　　雷

【模块概述】在输电线路运行过程中，雷击是对输电线路构成影响最多的一种自然现象。特别是在我国南方多雷山区，雷击跳闸占线路总跳闸次数的比例，有的高达 70%，是输电线路发生故障的主要原因。输电线路被雷击后，绝缘子可能闪络或者炸裂，甚至造成掉串、掉线事故，并引起线路停电。因此防雷工作是输电线路一项专业的工作。

一、雷电形成过程

雷电一般起于对流发展旺盛的雷雨云中。感应起电理论认为，在晴天大气电场下，电场方向自上而下，在垂直电场中下落的降水粒子被电场极化后，上部带负电荷，下部带正电荷。云中的小冰粒或是小水滴在同这些较大的降水粒子相碰撞后，就获得了正电荷，然后会随着上升气流向上走，从而发生了电荷的转移过程，使得小冰粒或者小水滴带正电荷、降水粒子带负电荷。图 2–6 给出了小水滴或小冰粒与极化的降水粒子碰撞获得电荷过程示意图。

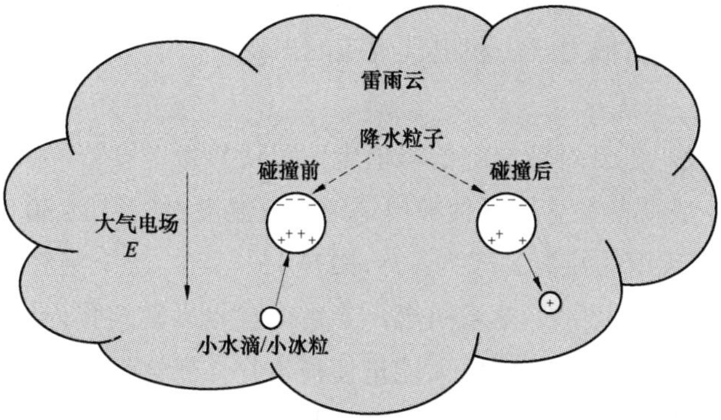

图 2–6 小水滴或小冰粒与极化的降水粒子碰撞获得电荷过程示意图

在雷电发生之前，带有不同极性和不同数量电荷的雷雨云之间，或是雷雨云与大地物体之间会形成强大的电场，如图 2–7 所示。随着雷雨云的运动和发展，一旦空间电场强度超过大气游离放电的临界电场强度时，就可能在雷雨云内部或者是雷雨云与大地之间发生放电现象，此时的放电电流可达几十千安培到数百千安培，雷电通道两端电位差可达上万伏，伴随着强大的电流会产生强烈的发光和发热现象，空气受热急速膨胀会产生轰隆声，这就是雷电的产生过程。

图 2–7 雷雨云内部和雷雨云与地面物体电场分布示意图

二、雷电危害

在现代生活中，雷电以其巨大的破坏力给人类、社会带来了惨重的灾难。据不完全统计，我国每年因雷击造成的财产损失高达上百亿元。输电线路是地面上最大的人造引雷物体，作为国民经济重要支柱的电力系统，长期以来雷击引起的输电线路跳闸对电网安全稳定运行构成了较大的威胁。

据电网故障分类统计表明，在我国跳闸率较高的地区，高压线路运行的总跳闸次数中，由雷击引起的次数占40%～70%，尤其是在多雷、土壤电阻率高、地形复杂的地区，雷击输电线路引起的故障率更高。雷电流具有高幅值、高频及高瞬时功率等特性，发生时往往伴随着热效应、机械力效应和电气效应的出现。

1. 热效应

在雷电回击阶段，雷云对地放电的峰值电流可达数百千安培，瞬间功率可达 10^{12}W以上，在这一瞬间，由“热效应”可使放电通道空气温度瞬间升到30 000K（K—开尔文，绝对温度单位，与摄氏度的换算公式为：$T=t+273.15$。其中，T—绝对温度；t—摄氏温度）以上，能够使金属熔化、树木、草堆引燃；当雷电波侵入建筑物内低压供配电线路时，可以将线路熔断。这些由雷电流的巨大能量使被击物体燃烧或金属材料熔化的现象都属于典型的雷电流热效应破坏作用，如果防护不当，就会造成灾害（见图2–8）。

(a)

(b)

图2–8　雷击的热效应

（a）某油库被雷击发生大火；（b）雷击树木导致森林大火

2. 机械效应

雷击输电线路时，导线的屈服点会由于焦耳热而降低，径向自压缩力有可能超过导线的屈服点，从而使钢芯铝绞线发生形变，最终导致原本组合在一起的不同材料发生剥离和分层，降低了导线的机械强度，从而发生断线、断股事故（见图2–9）。

3. 电气效应

输电线路防雷重点在于雷电由于电气效应产生的过电压的防护。雷击过电压超过线路绝缘耐受水平时，将使导线和地（地线或杆塔）发生绝缘击穿闪络，而后工频电压将沿此闪络通道继续放电，发展成为工频电弧，电力系统的保护装置将会动作使线路断路器跳闸影响正常送电。雷击对电网造成的危害，主要有雷击单相短路、相间短路（见图2–10）。

(a) (b)

图 2–9 雷击的机械效应

（a）某输电线路被雷击致断线；（b）某线路被雷击致断线并燃烧

(a) (b)

图 2–10 雷击的电气效应

（a）某线路遭受雷击瞬间；（b）被雷击后的输电线路绝缘子串

三、雷击对输电线路的危害及其特性

输电线路雷击过电压按形成原因可分为感应雷过电压和直击雷过电压。感应雷过电压是雷击线路附近大地由于电磁感应在导线上产生的过电压，而直击雷过电压则是雷电直接击中杆塔、地线或导线引起的线路过电压。从运行经验来看，对 35kV 及以下电压等级的架空线路，感应过电压可能引起绝缘闪络；而对 110（66）kV 及以上电压等级线路，由于其绝缘水平较高，一般不会引起绝缘子串闪络。对输电线路造成危害的主要雷击过电压为直击雷过电压，直击雷过电压一般可分为反击和绕击两类。

（一）反击

1. 常规型输电线路

对于常规型杆塔，雷击地线或杆塔后，雷电流由地线和杆塔分流，经接地装置注入大地。塔顶和塔身电位升高，在绝缘子两端形成反击过电压，引起绝缘子闪络，如图 2–11 所示。

（1）雷击塔顶。雷击线路杆塔顶部时，由于塔顶电位与导线电位相差很大，可能引起绝缘子串的闪络，即发生反击。雷击杆塔顶部瞬间，负电荷运动产生的雷电流一部分沿杆塔向下传播，还有一部分沿地线向两侧传播，如图 2–12 所示。负极性雷电流一部分沿杆塔向下传播，还有一部分沿地线向两侧传播；同时，自塔顶有一正极性雷电流沿主放电通道向上运动，其数值等于三个负雷电流数值之和。线路绝缘上的过电压即由这几个电流波引起。

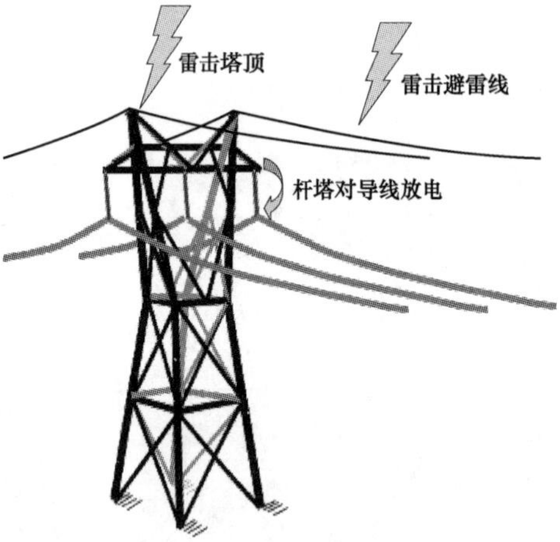

图 2–11　雷电反击示意图

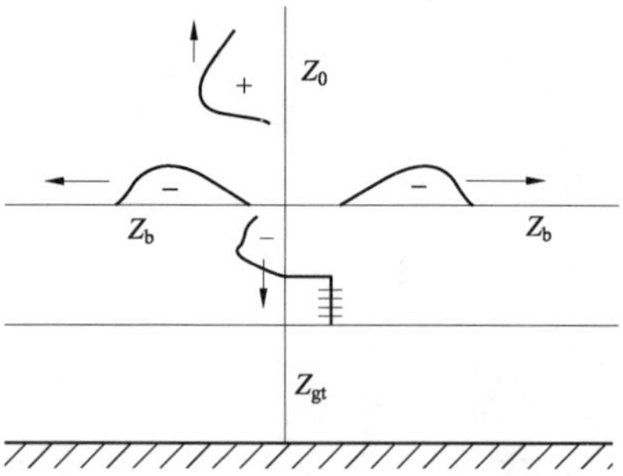

图 2–12　雷击塔顶时雷电流分布

（2）雷击地线档距中央。雷击地线档距中央时，虽然也会在雷击点产生很高的过电压，但由于地线的半径较小，会在地线上产生强烈的电晕；又由于雷击点离杆塔较远，当过电压波传播到杆塔时，已不足以使绝缘子串击穿，因此通常只需考虑雷击点地线对导线的反击问题（见图 2–13）。

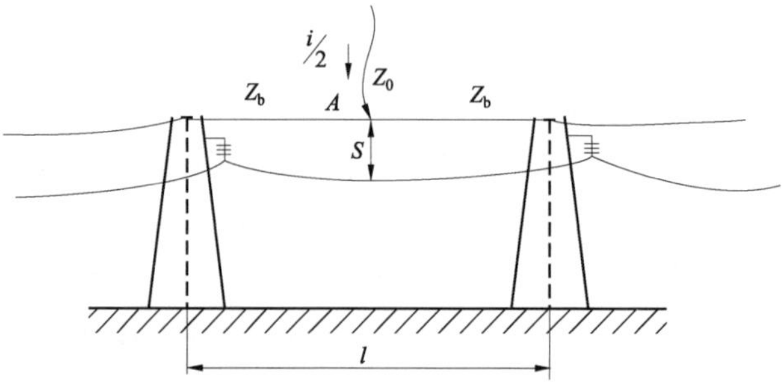

图 2–13　雷击地线档距中央

2. 紧凑型输电线路

紧凑型输电线路具有自然输送功率高、电磁环境友好等方面优势，在如今线路走廊日益紧张、环境保护要求逐渐提高的背景下得到日益广泛的应用。紧凑型输电技术是指通过缩小相间距离、优化导线排列、增加相分裂子导线根数等改变线路几何结构的方法，压缩线路走廊，增大导线电容，减少线路电抗，大幅提高自然输送功率的新型输电技术，如图 2–14 所示。

紧凑型线路由于采用了负保护角，防绕击性能明显优于常规线路，但是，由于紧凑型线路杆塔特殊的塔窗结构和导线布置方式，造成塔头间隙特殊位置雷电冲击放电电压偏低，使得紧凑型线路反击跳闸在总跳闸数中所占的比例要高于常规线路的反击比例。

紧凑型直线塔特殊的塔窗结构，三相导线均位于塔窗内部，其雷击闪络的放电路径与常规线路沿绝缘子串放电的路径有明显差异。我国相关的研究机构曾对紧凑型输电线路杆塔的雷电反击机理进行试验研究。我国第一条 500kV 紧凑型线路昌房线采用的直线塔塔头布置及电气间隙如图 2–15 所示。通过对模拟塔头进行 1.7/50μs 雷电波冲击试验，得到的试验结果见表 2–3。

图 2–14　单回紧凑型线路杆塔

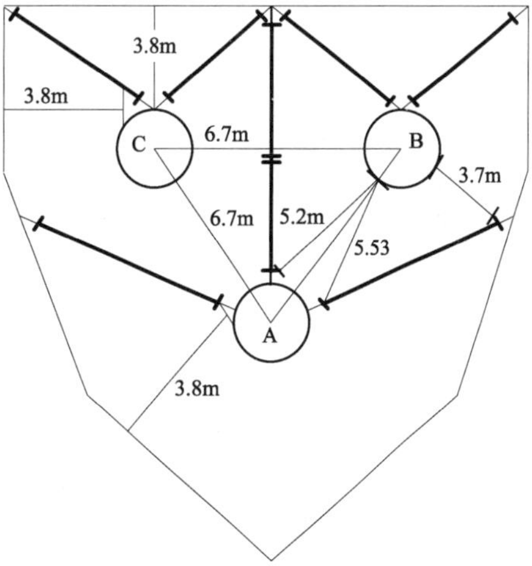

图 2–15　昌房 500kV 紧凑型直线塔塔头布置及其电气间隙

表 2–3　　模拟塔头雷电冲击电压试验结果（修正到标准大气条件）

加压相别			50%放电电压/kV	间隙距离/m	平均场强/（kV/m）
A	B	C			
地	+	地	2200	3.7	594
+	地	地	2350	3.8	618

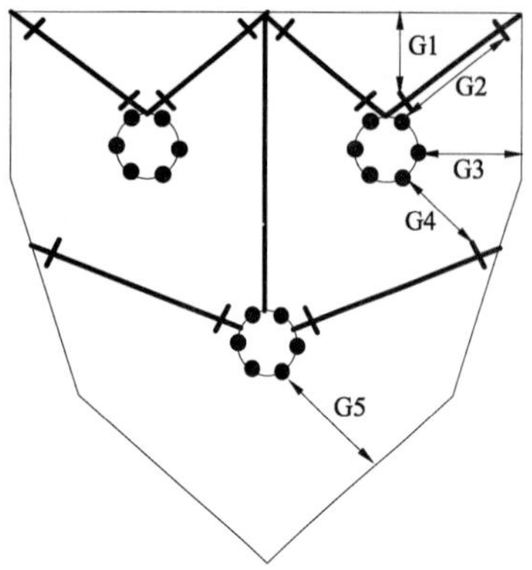

图 2–16　紧凑型杆塔雷击放电路径

从模拟塔头的试验结果可以看出，上相导线与下相导线塔身侧均压环之间的间隙放电电压比下相导线低 7%左右，是紧凑型线路雷电冲击绝缘水平中相对薄弱的部分，即图 2–16 中间隙 G4。实际运行经验表明，G3 也是较易发生反击闪络的路径。

以华北电网为例，2003—2010 年华北电网主要 500kV 线路共发生雷击跳闸 95 次，其中紧凑型线路 17 次，占雷击跳闸总数的 17.9%。500kV 线路平均雷击跳闸率为 0.195 次/（百公里·年），其中常规线路为 0.224 次/（百公里·年），紧凑型线路为 0.115 次/（百公里·年），紧凑型线路的雷击跳闸率明显低于常规线路。这也说明虽然从个体来看紧凑型线路不能保证在防雷性能上万无一失，但从统计来看紧凑型线路相比于常规线路，其防雷性能仍然具有明显优势。

从雷击故障的性质来看，华北电网 2003—2010 年常规型线路发生了 78 次雷击跳闸中仅有 2 次为反击跳闸，占跳闸总数的 2.6%，其余均为绕击跳闸；而在紧凑型线路发生的 17 次雷击跳闸中，除 1 次大电流雷击断线外，12 次为绕击跳闸，4 次为反击跳闸。紧凑型线路反击跳闸在总跳闸数中所占的比例要明显高于常规线路的反击比例。

（二）绕击

雷电绕击是指地闪下行先导绕过地线和杆塔的拦截直接击中相导线的放电现象，如图 2–17 所示。雷电绕击相导线后，雷电流波沿导线两侧传播，在绝缘子串两端形成过电压导致闪络。当地面导线表面电场或感应电位还未达到上行先导起始条件时，即上行先导并未处于起始阶段，下行先导会逐步向下发展，直到地面导线上行先导起始条件达到并起始发展，这个阶段为雷击地面物体第一阶段。地面导线上行先导起始后，雷击地面导线过程进入第二个阶段。在该阶段内上下行先导会相对发展，直到上下行先导头部之间的平均电场达到末跃条件，上下行先导桥接并形成完整回击通道从而引起首次回击。雷电绕击的发展过程如图 2–18 所示。

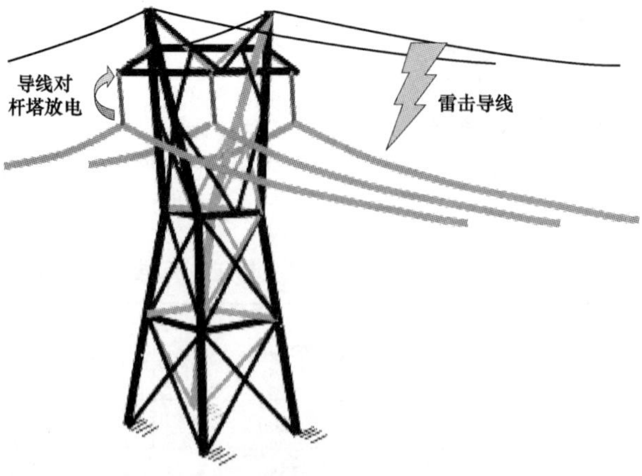

图 2–17　雷电绕击示意图

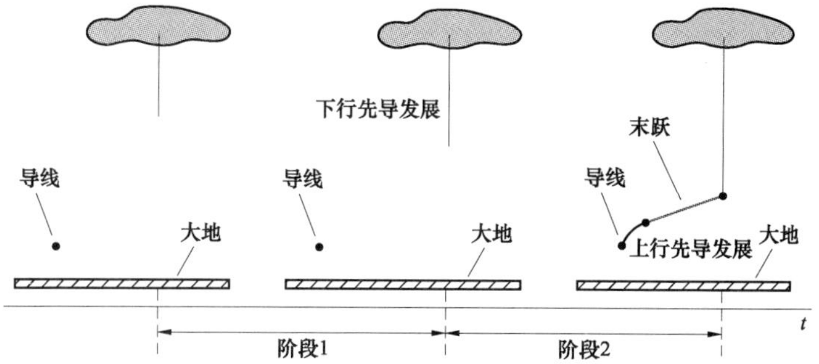

图 2–18 雷电绕击发展过程

造成输电线路绕击频发的原因主要有：① 自然界中的雷电活动绝大多数为小幅值雷电流，而恰恰是它们能够穿透地线击中导线；② 在运的输电线路地线保护角普遍较大，加之山区地段地面倾角较大；③ 超特高压、同塔多回线路杆塔高度普遍增加，且线路多沿陡峭山区架设，使大档距杆塔增多，这两方面因素均使线路对地高度增加，降低了地面的屏蔽作用。

四、耐雷性能影响因素分析

（一）绕击耐雷性能影响因素分析

绕击耐雷水平和绕击跳闸率是表征架空输电线路绕击特征的主要参数，受地线保护角、地形地貌等因素影响。

1. 地线保护角对绕击耐雷性能影响

对于相同电压等级的交流输电线路，地线保护角越小，线路的绕击跳闸率越低，这是由于保护角减小后，根据电气几何模型（EGM），线路的暴露弧面减小，遭受绕击的概率变小，进而使得绕击跳闸率减小。对某 500kV 输电线路在不同地线保护角下进行绕击耐雷水平和绕击跳闸率仿真计算，结果如图 2–19 所示。

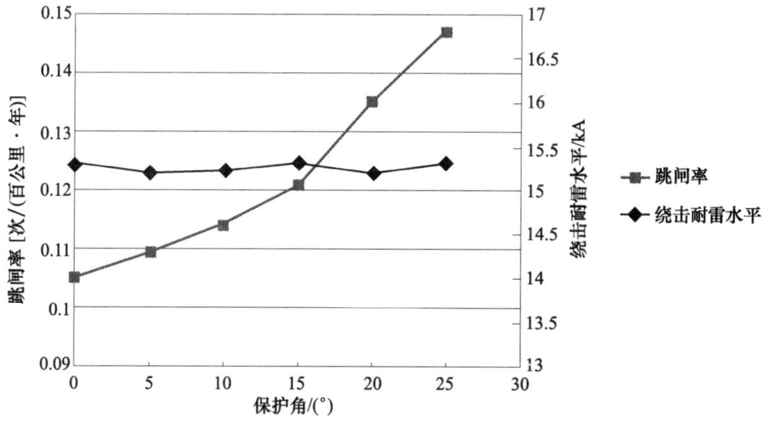

图 2–19 某 500kV 输电线路在不同地线保护角下绕击耐雷性能

由图 2–19 可以看出，线路绕击耐雷水平随地线保护角变化较小，但线路绕击跳闸率随地线保护角增大而增大，且变化幅度明显。

2. 地形地貌对绕击耐雷性能影响

从雷击故障地点分布看，地形地貌对线路雷击跳闸影响明显。山区地段由于地形起伏较大，气流活动特殊，导致落地雷密度较平原地区为高。山顶、山坡雷击故障次数高于平原地区。线路绕击故障约 70%出现在山区、丘陵，其中又以山顶和山坡外侧雷击故障为主。如线路大跨越山谷、穿越山体倾斜等，这些地理因素会导致空气气流的风向变化异常，引起雷击形态发生变化，使得常规的防雷设计失去了有效的防护作用，特别是山区线路下边坡的倾斜使导线过分暴露，等效保护角显著增大，明显增加导线绕击率；线路大跨越山谷也会导致导线两侧的暴露面明显增大，容易发生绕击。

地质也是影响地闪活动分布的因素之一，地下埋有金属矿藏的区域地闪活动频繁程度也相对较大。例如，在河北承德南部，有较多的金、铁等矿山，这些区域的地闪密度明显大于承德及其周边其他区域。输电线路跨越这些矿山，由于地闪密度较常规山区更大，使得这些杆塔更容易发生雷击。因此，跨越金属矿区的线路防雷工作更要引起足够的重视。

（二）反击耐雷性能影响因素分析

反击耐雷水平和反击跳闸率是表征架空输电线路反击特征的主要参数，其主要影响因素为杆塔接地电阻。

对于同一电压等级的架空输电线路，随着杆塔接地电阻阻值的增加，反击耐雷水平显著降低，反击闪络率显著增加，这是由于当杆塔接地电阻增加时，雷击塔顶时塔顶电位升高程度增加，绝缘子承受过电压增加，降低了线路的反击耐雷水平，提高了线路的雷击跳闸率；在杆塔接地电阻阻值相同的情况下，随着电压等级的增加，由于架空输电线路绝缘水平不断提高，其反击耐雷水平也逐渐增加，反击跳闸率逐渐降低。仿真计算某 500kV 输电线路杆塔接地电阻对反击耐雷性能的影响，结果如图 2–20 所示。

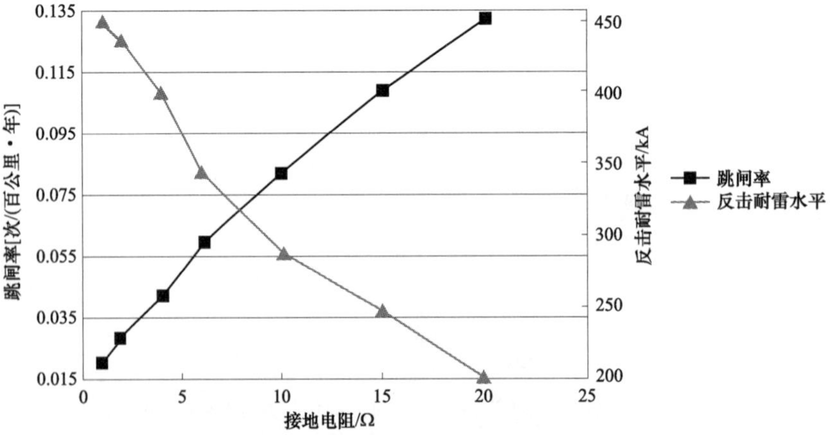

图 2–20　接地电阻对反击耐雷性能的影响

《交流电气装置的过电压保护和绝缘配合设计规范》（GB 50064）中规定，对于有地线的线路，其反击耐雷水平不应低于表 2–4 所列数值。

表 2–4　有地线线路反击耐雷水平

标称电压（kV）	35	66	110	220	330	500	750
单回	24～36	31～47	56～68	87～96	120～151	158～177	208～232
同塔双回	—	—	50～61	79～92	108～137	142～162	192～224

表 2–4 中，反击耐雷水平的较高值和较低值分别对应线路杆塔冲击接地电阻 7Ω 和 15Ω；发电厂、变电站进线、保护段杆塔耐雷水平不宜低于表中的较高数值。

对我国某典型区域近 10 年来雷电流幅值进行统计，结果如图 2–21 所示。

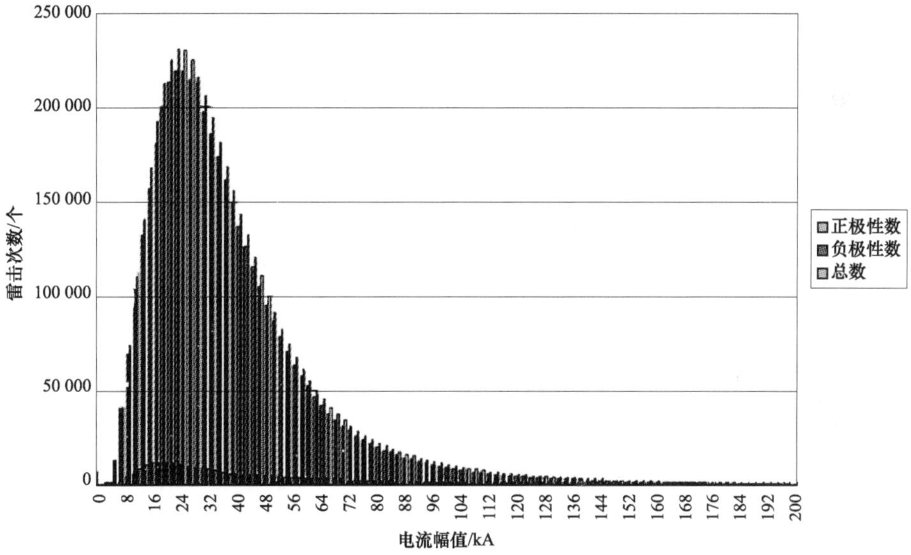

图 2–21　我国某典型区域近 10 年来雷电流幅值分布

相关工作人员可从图 2–21 中找出雷电流幅值集中的范围，然后依据表 2–4 中的标准，对不同电压等级输电线路进行有侧重性的防反击雷措施。

（三）耐雷性能综合影响因素分析

综合影响输电线路耐雷性能的因素主要有杆塔呼高、线路档距等，这些因素对输电线路的绕击和反击耐雷性能均会有一定影响。

1. 杆塔呼高对耐雷性能影响

线路雷击故障和杆塔呼称高度有一定的关联性，杆塔呼高对线路引雷次数有影响，杆塔呼高过高，导致导线离地面高度较高，从而减小了地面对导线的屏蔽性能，有可能导致线路绕击数量增加。仿真计算得到某线路在不同杆塔呼高及不同地形下的绕击跳闸率见表 2–5。

表 2–5　　铁塔呼高对某输电线路绕击耐雷性能影响

杆塔呼高（m）	绕击跳闸率［次/（百公里・年）］		
	平地	丘陵	山区
42	0.035	0.059	0.177
45	0.043	0.067	0.182
48	0.051	0.076	0.187
51	0.060	0.086	0.191
54	0.069	0.095	0.195

杆塔越高，引雷面积增大，落雷次数增加。雷电波沿杆塔传播到接地装置时引起的负反射波返回到塔顶或横担所需的时间增长，致使塔顶或横担电位增高，易造成反击，使雷击跳闸率增加。图 2–22 为仿真计算 ZB329 型杆塔不同杆塔呼高和 ZGU315 型杆塔不同杆塔呼高下输电线路的反击耐雷性能。

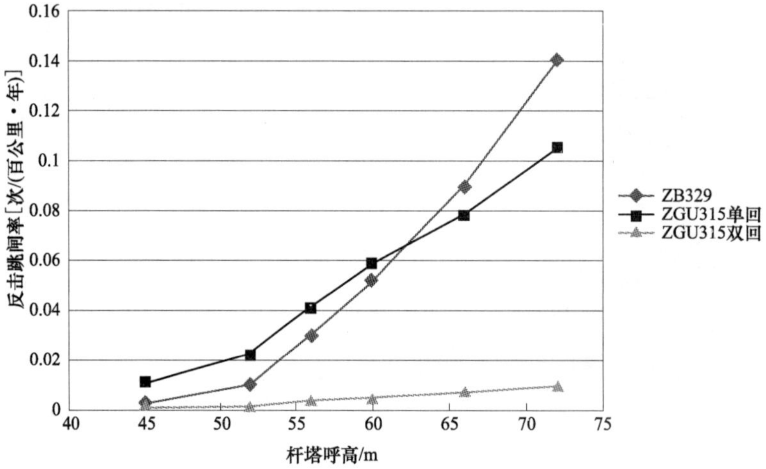

图 2–22　杆塔呼高与反击跳闸率的关系

2. 档距对耐雷性能的影响

一般情况下，档距越大，分流作用降低（含相邻杆塔的分流、雷击档距中央的分流），线路的雷击闪络率增高。2013 年国家电网所辖区域记录下的 228 次雷击故障中，杆塔两侧平均档距分布如图 2–23 所示。

五、防治措施

架空输电线路的雷击事故以及线路走廊的雷电活动、线路特征等方面都存在差异，因此，输电线路的防雷应充分考虑影响输电线路耐雷性能各因素的差异，如线路走廊雷电活动的差异、线路结构特征的差异以及地形地貌的差异。输电线路差异化防

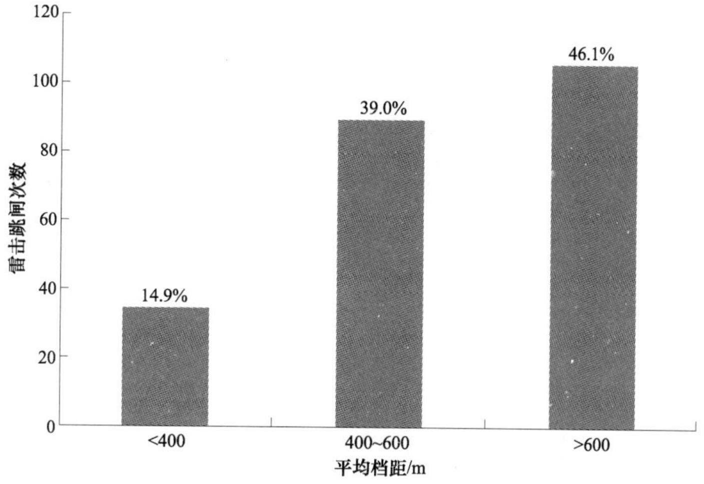

图 2–23　不同档距范围下雷击跳闸次数

雷评估是以雷电监测为基础，以雷害风险评估为手段，根据线路走廊的雷电活动强度、地形地貌及杆塔结构的不同，有针对性地对架空输电线路进行综合防雷评估。以“差异化防雷”的思想指导线路防雷，找出线路中防雷性能薄弱的杆塔，对这些杆塔进行有针对性的防雷设计、改造。差异化防雷评估技术既可以提高输电线路的可靠性，又能避免不合理的设计、改造所造成的浪费，取得事半功倍的效果，提高防雷工程的技术性和经济性。

（一）重要线路的差异化防雷评估

针对重要线路，需要通过收集相关雷电参数及线路信息，借助差异化防雷评估系统，对线路的各基杆塔进行雷害风险评估，然后根据评估结果提出针对性的防雷改造措施，具体步骤如下。

1. 输电线路参数统计

输电线路参数统计包括线路走廊雷电参数统计和线路特征参数统计两部分。雷电参数统计是基于雷电监测系统运行积累的雷电资料，统计、分析并获取能反映该线路走廊不同时间、不同区域雷电活动特征的地闪密度、雷电流幅值累积概率分布等雷电参数。线路特征参数统计包括线路基本信息、杆塔结构及绝缘、走廊地形地貌等参数的统计。

2. 输电线路雷击闪络风险评估

在参数统计基础上，采用防雷计算分析模型逐基杆塔计算雷击跳闸率，并结合雷害风险评估等级划分指标，分析、评估线路耐雷性能，确定耐雷性能薄弱杆塔易闪原因。

雷害风险评估标准以国家电网公司发布的《110（66）～500kV 架空输电线路管理规范》为依据，参考线路的实际运行经验等因素来确定，风险评估等级划分采取表 2–6 所示的分级指标。

表 2–6　　雷害风险评估等级划分

绕击跳闸率	$P_r<S_r*0.5$ [0，$S_r*0.5$)	$S_r*0.5\leqslant P_r< S_r*1.0$ [$S_r*0.5$，$S_r*1.0$)	$S_r*1.0\leqslant P_r<S_r*1.5$ [$S_r*1.0$，$S_r*1.5$)	$P_r\geqslant S_r*1.5$ [$S_r*1.5$，∞)
等级	A	B	C	D
反击跳闸率	$P_f<S_f*0.5$ [0，$S_f*0.5$)	$S_f*0.5\leqslant P_f<S_f*1.0$ [$S_f*0.5$，$S_f*1.0$)	$S_f*1.0\leqslant P_f< S_f*1.5$ [$S_f*1.0$，$S_f*1.5$)	$P_f\geqslant S_f*1.5$ [$S_f*1.5$，∞)
等级	A	B	C	D
跳闸率	$P<(S_r+S_f)*0.5$	$(S_r+S_f)*0.5\leqslant P<$ $(S_r+S_f)*1.0$	$(S_r+S_f)*1.0\leqslant P<$ $(S_r+S_f)*1.5$	$P\geqslant(S_r+S_f)*1.5$
等级	A	B	C	D

注　P_r、P_f 分别表示计算的绕击跳闸率、反击跳闸率；S_r、S_f 分别为绕击风险控制指标、反击风险控制指标；S_r 取国家电网公司发布的《110（66）～500kV 架空输电线路管理规范》（以下简称“规范”）中第 89 条中跳闸率规定值（规范中为 40 个雷暴日）×运行经验中绕击所占比例；S_f 取跳闸率规定值×运行经验中反击所占比例。对各基杆塔的雷击闪络风险划分为 A、B、C、D 级的目的是将各杆塔绕击、反击防雷性能的相对强弱更为直观地表示出来。

3. 输电线路防雷改造方案制订

以雷害风险评估结果为基础，结合各种防雷措施优缺点，制订针对性的防雷改造方案。

4. 输电线路防雷改造方案技术经济性评价

对采用防雷改造方案后的线路雷击跳闸率再次计算，评价改造方案技术经济性，预评估治理效果。

5. 输电线路防雷改造方案实际效果评价

跟踪评估线路实际运行情况，对采用改造方案且治理后线路的运行效果进行评价。

（二）一般线路的差异化防雷评估

针对不需要逐基杆塔进行雷害风险评估的一般线路，可依据雷害风险分布图确定绕击、反击发生概率较高区段或杆塔，结合相关标准及原则制订防雷改造方案。常见的改造措施有：提高绝缘配置、降低接地电阻、加装线路避雷器、加装线路并联间隙、加装避雷针等措施。

模块 3　防　风　害

【模块概述】风是由空气流动引起的一种自然现象，由于风速大小、方向、湿度还有地域等的不同，会产生许多类型的风。对输电线路造成危害的风主要有台风、飑线风、龙卷风、地方性风等。除以上较高风速的风以外，风速稳定的微风也会对线路运行造成危害。

一、风害概述

1. 台风

台风发源于热带海面，温度高，大量的海水被蒸发到了空中，形成一个低气压中心。随着气压的变化和地球自身的运动，流入的空气旋转起来，形成一个逆时针旋转的空气旋涡，即热带气旋。只要气温不下降，热带气旋就会越来越强大，最后形成台风。

我国地处亚欧大陆的东南部、太平洋西岸，属台风多发地区，尤其是东南沿海的广东、福建、浙江、海南、台湾等省区。历史资料统计，1949—2010 年登陆我国的热带气旋共 561 场、台风 203 场。其中，90%以上的热带气旋和台风于东南部的广东、台湾、海南、福建、浙江、广西六省区登陆。

沿海地区的线路跳闸数据表明，台风灾害引起的线路故障已占到跳闸总数的约 30%。调查发现，高压输电线路的台风风灾事故可分为以下几类：跳线（含跳线串）风偏闪络跳闸、悬垂串风偏闪络跳闸、断股、断线、掉串、倒塔等，其中以风偏闪络居多，严重时造成倒塔事故。

台风来临时空气中夹杂的水汽、雨水所形成的水线也会缩小空气间隙，使闪络电压降低，从而更有利于风偏闪络的发生。此外，台风所产生的虹吸效应也加剧了风偏闪络。当台风作用于送电线路时，台风的旋转风及向上抽吸的虹吸效应将使导线承受强大的水平风向荷载和上拔风荷载，其中水平风向荷载和上拔荷载均会加剧风偏角。现有设计规范的内陆风计算模型并未考虑台风的这种动态作用效果，而是统一转换为静态计算，并考虑一定的修正系数。

在台风的作用下，杆塔顺线路方向两侧承受悬殊的横向水平力，易发生倾倒。在台风登陆点附近的沿海地区，面向海口、高山上风口处的线路杆塔，以及台风登陆后在台风前进方向和旋转的上风处的线路杆塔，在台风作用下多出现倾倒，特别是线路方向与台风方向接近垂直的杆塔倒塌最多。台风一般都会带来暴雨，暴雨还可能引发洪涝。洪涝的破坏主要表现为：洪水冲刷杆塔基础，低洼地带杆塔长时间浸泡在水中，滞洪区内杆塔遭受水流过急的洪水冲击，杆塔周边山体发生泥石流或山体滑坡。以上这些情况都较易引起线路杆塔基础受损而造成杆塔倾倒，或因杆塔本身受冲击而倾倒。

2. 飑线风

飑线风属于雷暴的一种。如果上升空气中的水蒸气凝结产生了大规模降雨，雨滴将对其通过的空气施加粘滞曳力，并引起很强的下沉气流。部分降水将在低层大气中蒸发，使那里的大气变冷而下沉。下沉的冷气流在地面上以壁急流（即急流撞击壁面形成的气流）形式扩散，从而形成飑线风。

飑线风是由若干雷雨云单体排列形成的一条狭长雷暴雨带。大量分析表明，飑线的水平长度大约为几十千米到几百千米，宽度约为 1 到几千米，持续时间约几十分钟到十几小时。通常飑线经过之处，风向急转，风速急剧增大，并伴有雷雨、大风、冰雹、龙卷风等灾害性天气，有突发性强、破坏力大的特点。

飑线风沿高度方向的分布与普通的近地风不同，前者呈现出中间大、两头小的葫芦状分布。图 2–24 为根据不同的模型（Oseguera＆Bowler's，Vicroys'和 Woods'）得到的一个飑线风风速沿高度的分布情况。可以看出，其风速沿高度的分布明显区别于良态近地风，飑线风风速从地表开始迅速急剧增大，在距离地面大约 60m 高度处达到最大，然后随着高度的增加又迅速减小。由于目前 500kV 输电线路的导地线大约位于 20～60m 的高处，该高度也是飑线风的风速急剧增加直至达到最大的高度，因此飑线风是对高压输电线路威胁最大的一种强风暴。

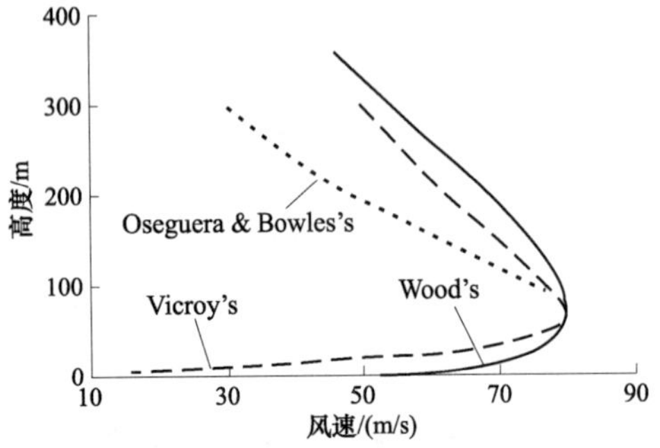

图 2–24　飑线风风速沿高度的分布

飑线风的破坏特点：飑线风是小区域强冷空气从空中高速砸下形成的，气流是向外的，即离开风着地点的方向，就像一个高压水龙头的水垂直喷向地面以后向四周飞溅，这是它与龙卷风的不同之处。龙卷风是向中心方向运动的气流，在其所造成的破坏现象中可以看到非常明显的向一个中心旋转的迹象，例如，树木以及附近植物的倒伏方向呈现明显的旋转。

飑线风对输电线路的威胁和破坏是非常大的。据文献的统计，输电线路的风害绝大多数是由飑线风引起的。虽然飑线风所造成的破坏是在局部出现的，但对于长度几百千米且位于野外的输电线路而言，其遭受袭击的概率还是比较高的。

飑线风破坏输电线路的主要后果是杆塔的风偏跳闸和杆塔损坏。

3. 龙卷风

地面上的水吸热变成水蒸气，上升到天空蒸汽层上层，由于蒸汽层下面温度高，下降过程中吸热，再度上升遇冷，再下降，如此反复气体分子逐渐缩小，最后集中在蒸汽层底层，在底层形成低温区，水蒸气向低温区集中，这就形成云。云团逐渐变大，云内部上下云团上下温差越来越小，水蒸气分子升降程度越来越大，云内部上下对流越来越激烈，云团下面上升的水蒸气直线上升，水蒸气分子在上升过程中受冷体积越缩越小，呈漏斗状。水蒸气分子体积不断缩小，云下气体分子不断补充空间便产生了大风，由于水蒸气受冷体积缩小时，周围补充空间的气体来时不均匀便形成龙卷风。

龙卷风是大气中最强烈的涡旋现象，常发生于夏季的雷雨天气时，尤以下午至傍晚最为多见，影响范围虽小，但破坏力极大。龙卷风的水平范围很小，直径从几米到几百米，平均为 250m 左右，最大为 1km 左右。在空中直径可有几千米，最大有 10km，龙卷风效果图如图 2–25 所示。极大风速每小时可达 150km 到 450km，龙卷风持续时间，一般仅有几分钟，最长不过几十分钟。

图 2–25　龙卷风效果图

龙卷风是一种极强烈而威猛的旋风。有人把发生于陆地的称陆龙卷，发生在海上的称为水龙卷。它与低气压和旋转之风向有关，是最暴烈的气象灾害之一。

与飑线风破坏后果相似，龙卷风对输电线路的危害后果是输电塔的倒塔和风偏跳闸。此外，还会影响线路走廊和电网通信等。龙卷风吹起的杂物和线路走廊摇摆的树木造成输电线路、变电站母线设备较易发生放电现象，等等。

龙卷风在破坏输电线路的同时，往往也对更加脆弱的通信线路造成更加严重的破坏。一方面，龙卷风依靠强劲风力直接作用于通信线路导致倒杆断线；另一方面，龙卷风刮倒通信线路附近的树木、建筑物等造成对通信线路的间接破坏。同时，龙卷风还会对位于变电站、发电厂的微波天线产生破坏，使其歪倒或弯折，从而干扰通信信道，导致通信质量下降甚至通信中断。

4. 地方性风

地方性风是指因特殊地理位置、地形或地表性质等影响而产生的带有地方性特征的中、小尺度风系，常由地形的动力作用或地表热力作用引起。主要有海（湖）陆风、山谷风（坡风）、冰川风、焚风、布拉风和峡谷风等。造成危害的地方性风主要有山谷风、布拉风、峡谷风等。

我国西北地区受山谷风和峡谷风的危害比较严重，以新疆为例，全新疆主要有阿拉山口、三十里风区、罗布泊、哈密南戈壁、百里风区、北疆东部、准格尔西部、额尔齐斯河西部八大风区，这些风区多为风口、峡谷、河谷，且呈孤岛分布，最大风速超过 12 级。大风以春夏季居多，春季冷暖空气交替频繁，地区间气压梯度加大，常出现强劲的大风；夏季气层不稳定，多阵性大风；冬季大风最多的地方是河谷隘道和高山地带。

5. 山谷风

在山区，由热力原因引起的白天由谷地吹向山坡、夜间由山坡吹向谷地的风。前者称为谷风，后者称为山风。日出后，山坡增热较快，温度高于山谷上方同高度的空气温度，水平温度梯度由山坡指向谷中，坡地上的暖空气不断上升，并从山坡流向谷地上方，

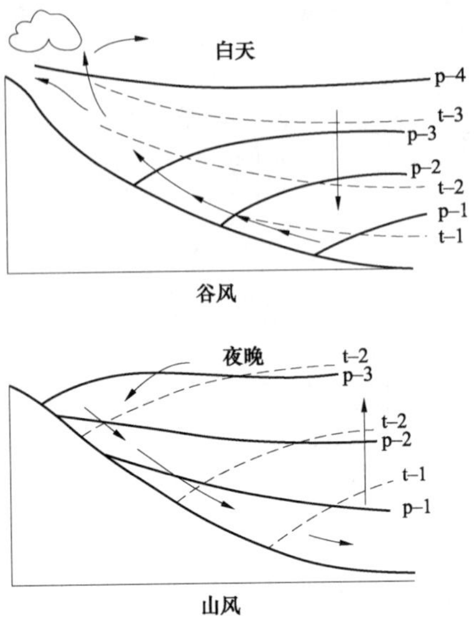

图 2–26　山谷风示意图（图中实线为等压线，虚线为等温线，矢线表示气流方向）

谷底的空气则沿山坡内上补充流失的空气，故在山坡与山谷间产生热力环流，这时由山脉向山坡的风，称为谷风。夜间，山坡因辐射冷却，其降温速度比同高度的空气要快，冷空气滑坡地向下流入山谷，形成一个与白天相反的热力环流，这时由山坡吹向山谷的风，称为山风。山风强度一般比谷风弱。山谷风是山区经常出现的一种局地环流，只要大范围气压场比较弱，就有山谷风出现，有些高原和平原的交界处，也可以观测到与山谷风相似的局地环流。山谷风示意图如图 2–26 所示。

6. 布拉风

布拉风是出现于山地或高地边缘的冷而强的风。它是由强而寒冷的空气在山前或高地前聚集，达到一定厚度后从山顶或高地边缘滑坡倾泻而下的下吹风。现在，世界各地大都把这种强而冷的下吹风统称为布拉风。冬季，中国天山南侧、长白山地区以及其他山地、高原边缘也有布拉风出现。

7. 峡谷风

峡谷风是由地形的峡谷效应（“狭管效应”）产生。当气流由开阔地带流入地形构成的峡谷时，由于空气质量不能大量堆积，于是加速流过峡谷，风速增大。当流出峡谷时，空气流速又会减缓。这种峡谷地形对气流的影响，称为“狭管效应”。由狭管效应而增大的风，称为峡谷风或穿堂风。

液体在管中流动，经过狭窄处时流速加快。气流在地面流经狭窄地形时类似液体在管中的流动，流速也会加快，并因气体具有可压缩性，密度也会增大。地球上山地的许多风口和许多地方出现的地形雨都与气流经过狭窄地形密切相关。

例如，新疆阿拉山口是一个典型的峡谷地形。阿拉山口位于巴尔鲁克山、玛依勒山和阿拉套山构成的乌郎康勒谷地，呈西北—东南走向，是一狭长的气流通道。是冷空气进入新疆的重要通道，当冷空气入侵新疆时，由于狭管效应，很容易形成强劲的西北风，风力在入山口处最大。全年大风日数 154 天、年最大风速 44m/s。

从新疆大风分布情况来看，北疆西部和西北部、东疆、南疆东部以及喀喇昆仑山、天山的高山区是年大风日数的高值区。其中南北疆气流通道的达坂城大风日数最多，年平均 159 天，最多一年高达 202 天，这些地区可以用“一年一场风，从春刮到冬”形象概括；其次是准噶尔盆地西部的阿拉山口，年平均 154 天，最多一年 188 天；年平均大风日数超过 100 天的地区，还有准噶尔盆地与塔城盆地气流通道的老风口、吐鲁番盆地西北部的“三十里风区”、哈密北部的三塘湖—淖毛湖戈壁、兰新铁路沿线十三间房一带的“百里风区”以及喀喇昆仑山等地；东疆十三间房—三塘湖—淖毛湖一线也达到了 90～100 天。新疆电网大风日数。

地方性风对电网造成的灾害主要以风偏跳闸居多。此外，还造成许多金具磨损断裂、绝缘子伞裙破损等故障，严重影响电网安全。

二、风害类型

（一）风偏跳闸

风偏跳闸是输电线路风害的最常见类型，主要是指导线在风的作用下发生偏摆后由于电气间隙距离不足导致放电跳闸。

风偏跳闸是在工作电压下发生的，重合成功率较低，严重影响供电可靠性。若同一输电通道内多条线路同时发生风偏跳闸，则会破坏系统稳定性，严重时造成电网大面积停电事故。除跳闸和停运外，导线风偏还会对金具和导线产生损伤，影响线路的安全运行。

从放电路径来看，风偏跳闸的主要类型有：导线对杆塔构件放电、导地线线间放电和导线对周围物体放电等三种类型。其共同特点是导线或导线金具烧伤痕迹明显，绝缘子不被烧伤或仅导线侧 1～2 片绝缘子轻微烧伤；杆塔放电点多有明显电弧烧痕，放电路径清晰。

1. 导线对杆塔构件放电

（1）直线塔导线对杆塔构件放电。早期线路设计标准低，如：220～500kV 线路风压系数按一般 0.61 设计（目前按 0.75 设计），存在直线塔在大风条件下摇摆角不足情况，造成导线对塔身或拉线放电。

当直线塔导线对杆塔构件放电时，导线上放电点分布相对比较集中。导线附近塔材上一般可见明显放电点，且多在脚钉、角钢端等突出位置。

1）导线对拉线放电。例如，某 500kV 线路拉线塔在飑线风作用下，中相绝缘子风偏后对拉线放电。中相（B 相）导线悬垂线夹大号侧 1.5m 处 2 号子导线上布满明显的放电痕迹，与导线平行位置双拉线上有明显放电痕迹，拉线与铁塔挂点 U 形挂环上有明显放电痕迹，如图 2–27 和图 2–28 所示。

图 2–27 拉线塔导线放电痕迹

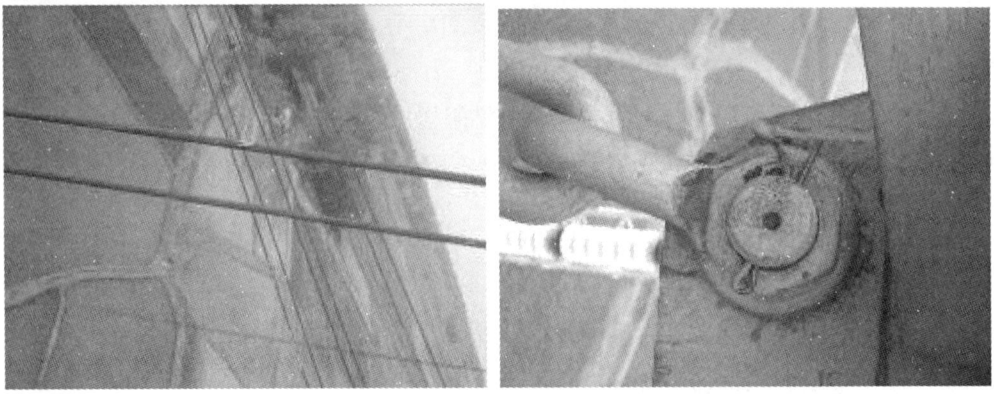

图 2–28　拉线塔拉线和金具放电痕迹

2）导线对塔身放电。例如，某 500kV 线路风偏后造成导线与塔身主材之间的空气间隙距离不够放电跳闸，重合不成功。故障塔型为 ZB5 型。故障相位 B 相（边相），B 相子导线和对应的塔身主材放电点明显，如图 2–29 所示。

图 2–29　导线和塔身放电痕迹

（2）耐张塔跳引线对杆塔构件放电。耐张塔跳引线在大风情况下可能对塔身发电或线间放电。例如，220kV“干”字塔中相跳线采用单绝缘子串，存在结构性缺陷，在较大风速下，单绝缘子串易大幅摆动，跳线（导线）摆向塔身放电；大转角跳线仅用单绝缘子串固定，施工中一些跳引线过于松弛未能收紧，大风情况下风摆较大，对塔身放电；部分 110kV 线路跳引线存在空气间隙小的现象，易风偏放电。

当耐张塔跳线对杆塔构件放电时，跳线上放电点分布较分散，可在 0.5～1m 长度范围内找到明显放电痕迹，跳线附近塔材上一般可见明显放电点，如图 2–30 和图 2–31 所示。

2. 导地线线间放电

导地线线间放电多发生在档距较大的微地形、微气象区，导线和地线上一般可见多个放电点分散分布且主放电点位置相对应。

（1）大档距同杆双回线间放电。同杆架设双回线的大档距因弧垂较大或两回线路导线型号规格不一，在强风下产生风偏及不同步风摆引起线间导线安全距离不足放电，如图 2–32 所示。

图 2–30　跳引线松弛引起风偏放电

图 2–31　母线中相跳线上麻点

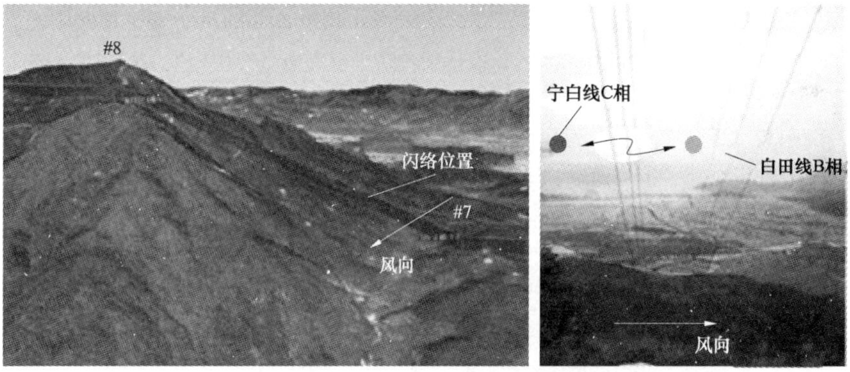

图 2–32　同塔大档距离不同规格导线相间风偏放电

（2）地线或耦合地线对导线放电。导线跨越下方地线和耦合地线风吹上扬放电，主要发生在大档距塔段中，如图 2–33 所示。

图 2–33　220kV 线路耦合地线风吹上扬放电

（3）线路终端塔导线由垂直排列转水平排列引到变电站门型构架上，由于门型构架线路相间空气距离较小，在个别终端塔距离门型构架档距较大、相导线弧垂较松情况下，极易发生风偏引起相间净空距离不足放电，如图 2–34 所示。

图 2–34　500kV 导线垂直转水平至变电站门型构架

3. 导线对周围物体放电

早期线路杆塔较低，线路对地距离普遍比较小，线和树木、线和建筑物、线和边坡安全距离不足等矛盾难于解决，导致导线风偏对树、建筑物、边坡放电，如图 2–35 所示。

图 2–35　导线对树木放电

导线对周围物体放电时，导线上放电痕迹可超过 1m 长，对应的周边物体上也会有明显的放电痕迹。

以上各类风偏故障既有设计问题（如大档距不同导线不同步风摆、构架转水平空气距离偏小等问题，110kV 线路跳、一般引线设计不加装绝缘子紧固），也有施工质量问题（跳引线过于松弛未能收紧），以及运行检修维护的疏忽和验收把关不严问题（未能发现跳引线过长、松弛，未及时加固或收紧）。

（二）绝缘子和金具损坏

绝缘子和金具在微风振动和大风的作用下会发生金具磨损和断裂、绝缘子掉（断）串、绝缘子伞裙破损等故障。

1. 金具磨损和断裂

金具长时间承受不规则的风力的交变荷载作用，造成金具疲劳损伤，会导致金具磨损、断裂。金具磨损会影响线路的安全运行，当发生断裂时会导致导地线掉线、绝缘子掉串等故障，造成线路跳闸和故障停运，严重影响电网安全。

2. 光缆、地线挂点金具（U 形环）磨损

例如，某 750kV 线路 36m/s 及以上大风区段地线及光缆挂点连接金具（U 形环）磨损严重，其中光缆金具磨损程度较地线尤为严重，个别 U 形环截面磨损超过 40%，如图 2–36 所示。分析原因是：U 形螺栓磨损严重的塔位于风频率及风速较高区域，气流横线路作用时，悬垂串横向长时间摆动，造成金具频繁磨损，同时挂点金具连接方式为“环环”连接（U 形环与 U 形环连接），横线路方向不能转动，在受到横线路方向风力载荷作用下，其连接金具承受附加弯矩增加，加速 U 形环磨损。

图 2–36 线路地线及光缆挂点连接金具（U 形环）磨损

3. 导线间隔棒磨损

近年我国西北地区超高压输电线路部分大风区域，其导线间隔棒发生了松动磨损现象。例如，某 750kV 线路定检走线检查发现 1000 多支导线间隔棒支撑线夹夹头与框体出现不同程度磨损，如图 2–37 所示。

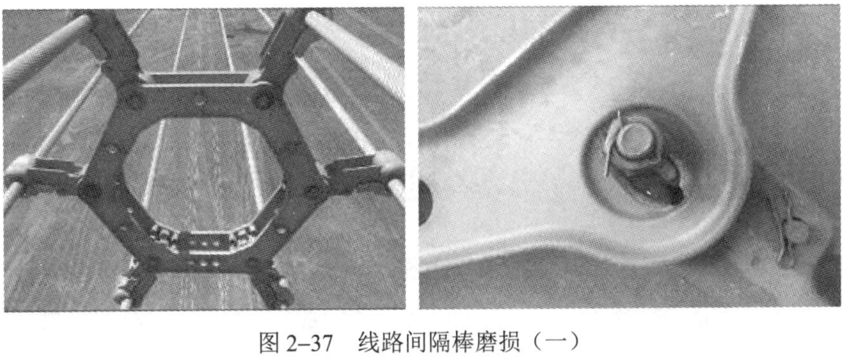

图 2–37 线路间隔棒磨损（一）

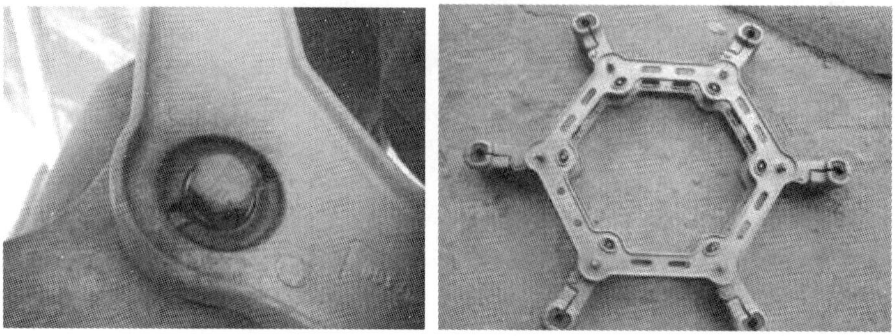

图 2–37　线路间隔棒磨损（二）

4. 复合绝缘子球头挂环断裂

例如，某 220kV 线路复合绝缘子球头挂环长时间承受不规则的交变荷载作用，尽管交变应力低于材料本身的极限强度，但它长时间作用造成疲劳损伤，再加上该地区条件恶劣，风力持续时间长，破坏速度加快，使用寿命缩短。当交变应力多次反复作用，球头脚颈开始有极细微的裂纹产生，发展成裂缝，裂缝向构件内部延伸，在较大的不均匀风荷载持续作用下导致断裂，如图 2–38 所示。

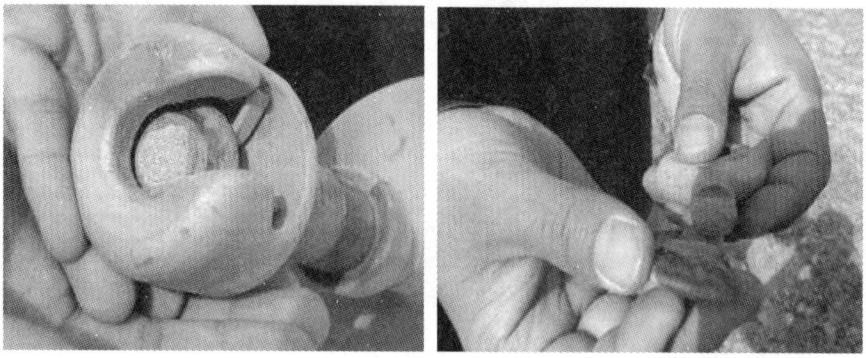

图 2–38　绝缘子球头挂环疲劳断裂

5. 直角挂板磨损断裂

例如，某 220kV 线路在横线路方向大风的影响下地线直角挂板与塔材持续碰撞，造成挂板的磨损断裂，如图 2–39 所示。

6. 绝缘子掉（断）串

绝缘子掉（断）串故障主要发生在 V 形串的杆塔。V 形串具有绝缘强度高、走廊宽度小、铁塔耗钢指标低等优点，因此在 220kV 及以上电压等级架空线路中得以广泛应用。2004—2007 年，国内曾发生多起 500kV 线路 V 形串掉串故障，造成线路跳闸和故障停运，对电网安全运行造成严重影响。

例如，某 750kV 线路巡视时多基铁塔中相 V 形串绝缘子掉串，现场勘查发生掉串杆塔均为中相 V 形串右侧绝缘子，大风风向为横线路方向，从线路左侧向右侧横吹（面向线路大号侧），V 形串右侧绝缘子在风力作用下均处于受压状态，长时间地反复挤压、摩擦导致复合绝缘子上下部连接金具的 R 销变形或脱离工作状态，从而发生掉串事故，如图 2–40 所示。

图 2–39　直角挂板磨损断裂

图 2–40　强风导致绝缘子掉串事故

7. 绝缘子伞裙破损

强风下复合绝缘子伞裙可能从根部发生不同程度环裂、破损，大风速、高风频区域是造成伞裙疲劳破损的主要外界条件，绝缘子伞裙过大和较软也是造成破损的原因。伞裙破损在大风区域呈普遍性。

绝缘子伞裙破损会影响绝缘子的电气性能，严重时会造成沿面距离不足，导致放电跳闸和故障停运。故障照片如图 2–41 所示。

图 2–41　复合绝缘子伞裙破损

（三）导地线断股和断线

导地线断股或断线是风灾事故的一种表现。断股是指导地线局部绞合的单元结构（一般为铝股）发生破坏。由于钢芯一般仍然完好，因此断股被发现之前导地线可能仍然处于正常运行状态。断线则是导地线的钢芯和导体铝股完全被破坏。断股或断线可由微风振动或大风引起。

导地线在微风振动和大风作用下摆动会造成疲劳损伤，发生断股和断线故障。当断股达到一定数目时会对线路安全运行造成影响，断线时则会造成停运，严重影响电网安全。

1. 微风振动造成导地线断股

导地线断股主要是由微风振动引起，一般发生在线夹或防振锤处。在 20 世纪 60 年代，我国曾组织有关部门对全国部分地区架空输电线路的风振危害情况进行调查。调查范围涵盖数百回线路及大跨越线路运行情况，其中钢芯铝绞线导线 9568m，钢绞线避雷线 8968m，调查结果显示线路断股现象普遍存在。例如，某线路导线采用钢芯铝绞线，平均运行应力为 25%CUTS，由于未安装防振锤，运行 2 年后检查 1098 个线夹，发现断股 322 处，占 29%。结合调查结果，对振动严重的线路加强防振措施，开展试验研究工作，取得一定成效。

例如，某 220kV 线路线架设于 1995 年 9 月，共有杆塔 805 基，线路总长 225.945km，架空地线型号为 GJ–50。2004 年 9 月登杆检修中发现地线断股情况严重，全线 11 个耐张段累计地线断股 194 处，共计断股 289 股。分析为该线路部分区域地线微风振动情况严重，同时由于所用的防振锤减振效果较差，造成了大面积地线断股，如图 2–42 所示。

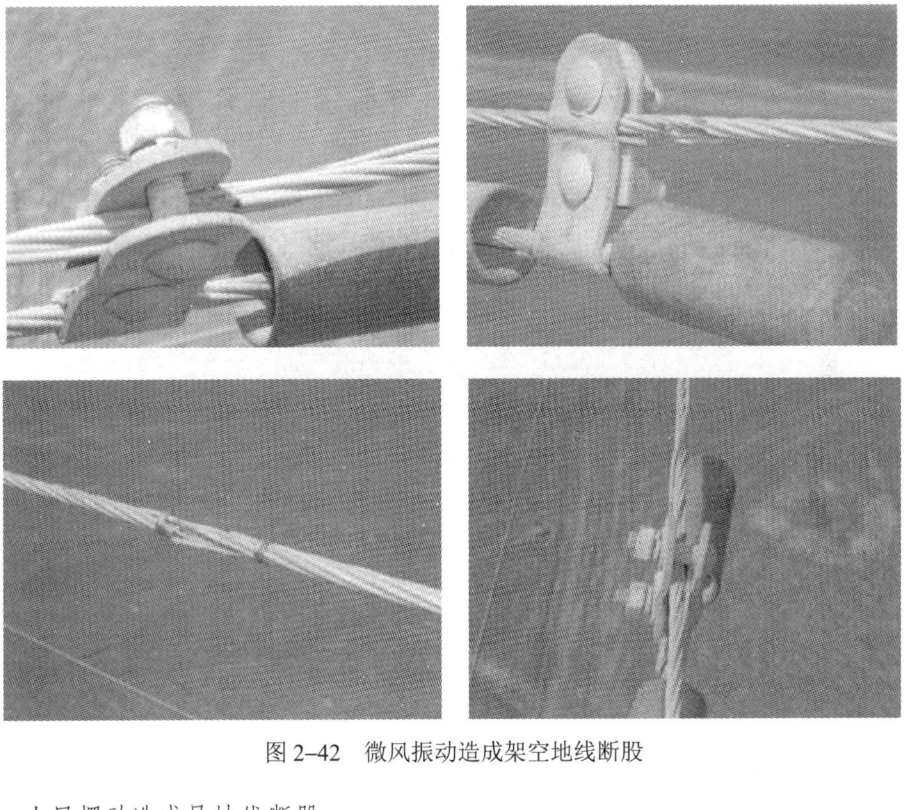

图 2–42 微风振动造成架空地线断股

2. 大风摆动造成导地线断股

大风会使导线、架空地线发生振动或摆动造成疲劳损伤断股，甚至断线。导线断股一般发生在导线悬挂处。

例如，某 750kV 线路 92 基耐张塔引流线出现不同程度的磨损，其中一基耐张塔中相大号侧 3 根引流子导线分别在压接管出口、调距线夹处出现严重断股，右上子导线铝股全部折断，仅剩钢芯连接。分析原因为子导线应力分布不均，在受到顺线路大风长期作用下整体摆动，造成疲劳断股；其他 91 处引流线磨损原因为线夹内未加装橡胶垫，在大风的作用下，发生引流线与爬梯等部件接触磨损，造成断股如图 2–43 所示。

图 2–43　耐张引流线断股

3. 导地线断线故障

长期微风振动或大风摆动会造成导地线断股，若不及时发现并消除缺陷，则可能会造成断线。例如，某 220kV 线路一基杆塔 C 相引流线从硬跳线头处断线，如图 2–44 所示。该区段为微气象区，周边为丘陵地形，两边山地将此杆塔夹在中间形成一个气流通道，提线板板头及断线处有磨损痕迹。分析原因为由于引流线在风的作用下发生摆动，磨损断线。

图 2–44　耐张引流线断线

（四）杆塔损坏

由于自然灾害的影响，输电线路的倒塔次数和基数呈现增长趋势。例如，1989 年 8 月 13 日华东电网某 500kV 镇江段 4 基杆塔倒塔；1992 年和 1993 年发生两次大风致 500kV 输电线路倒塔事故；1998 年 8 月 22 日华东电网某 500kV 线江都段 4 基杆塔倒塔；2000 年 7 月 21 日吉林电网 10 基 500kV 线路杆塔因遭受龙卷风、暴雨和冰雹侵袭发生倒塔。

倒塔是风灾事故最严重的后果，会造成输电线路长时间故障停运，且需要消耗大量的人力和物力进行恢复。

1. 自立塔损坏

（1）台风造成杆塔损坏。在台风登陆的沿海地区，位于面向海口、高山上风口处的线路杆塔，以及台风登陆后其前进方向和旋转的上风处的线路杆塔，多出现倒塔事故，如图 2–45 所示。

图 2–45　台风吹倒杆塔

（2）飑线风造成杆塔损坏。例如，2005 年，国家“西电东送”和华东、江苏“北电南送”的重要通道江苏泗阳 500kV 任上 5237 线发生飑线风致倒塔事故，一次性串倒 10 基杆塔。大风同时造成邻近 500kV 任上 5238 线跳闸，两条线路同时停运，对华东电网造成了严重影响。经江苏省气象台确定 2005 年 6 月 14 日晚发生在倒塔地段的强风暴为飑线风。实测资料显示，泗阳县城最大瞬时风速为 21m/s，倒塔地段附近的气象观测站观测到的最大瞬时风速为 32.9m/s，如图 2–46 所示。

图 2–46　500kV 任上 5238 线倒塔照片

（3）地方性风造成杆塔损坏。例如，某 110kV 线路遭受地方性大风发生倒塔事故，如图 2–47 所示。

又如，某 330kV 线路在地方性大风作用下发生倒塔，如图 2–48 所示，故障杆塔海拔 3040m，故障时最大瞬时风速超过 34m/s。

图 2–47　某 110kV 线路倒塔

图 2–48　某 330kV 线路倒塔

2. 拉线塔损坏

例如，某 220kV 线路遭遇雷雨大风强对流天气（风力达 10 级，最大风速达到 26.9m/s），多基拉线塔倒塔，塔身塔材拦腰扭曲，如图 2–49 所示。

图 2–49　220kV 线路拉线塔倒塔

3. 水泥杆损坏

例如，强台风造成某 110kV 高强水泥杆钢箍焊接处断裂、倒杆，如图 2–50 所示。

图 2–50　110kV 水泥杆塔损坏

又如，某220kV线路遭遇雷雨大风强对流天气（风力达10级，最大风速达到26.9m/s），杆塔倒塌，塔基拔出地面，如图2–51所示。

图2–51 某220kV线路倒塔

三、风害机理及事故分析

（一）风偏

风偏跳闸的本质原因是在外界各种不利的条件下，导线—杆塔空气间隙电气强度不足以承受系统运行电压所致。风偏跳闸的主要原因如下。

（1）设计对恶劣气象条件的估计不足。发生风偏放电的线路在设计时考虑的最大风速大多为30m/s，对局部微气象、强风等特殊区域的针对性不足。输电线路风偏跳闸主要为对塔身和周边障碍物放电，其中对塔身放电所占比例偏高，故今后应加强特殊地形及微气象区的塔型设计与选择。

（2）局地强风是导致线路放电的直接原因。根据气象部门的报告和现场查询，发生风偏放电的区域一般均出现少有的强风，如台风、龙卷风、飑线风、峡谷风等。在强风作用下，导线沿风向会出现一定位移和偏转。此外，在间隙减小、空间场强增大时，导线金具和杆塔构件的尖端上会出现局部高场强，更易造成局部放电。从现场观测到的放电痕迹来看，出现在脚钉、防振锤和角铁边缘尖端的放电点正说明了这一点。

（3）暴雨导致空气间隙的击穿电压降低。由于强风常伴有暴雨，在强风的作用下，暴雨会沿风向形成定向性的间断型水线。如果水线的定向与闪络路径成同一方向，将使间隙的击穿电压降低。发生放电时导线风偏角会很大，空气间隙明显减小，且击穿电压较无雨、无冰雹时有一定程度的降低。

（二）绝缘子和金具损坏

1. 金具磨损和断裂原因分析

长期微风振动会造成金具疲劳损伤、甚至断裂。在金具附近输电线易产生破坏，主要有两方面原因：一方面，安装不当会导致输电线在防振金具部位出现较大的动弯应变，造成疲劳破坏事故；另一方面，金具安装使输电线各股之间挤压，甚至产生压痕。

在风频率及风速较高的区域，气流横线路作用时，悬垂串横向长时间摆动，造成金具频繁磨损。常年频繁横线路大风使“环—环”连接的U形环频繁摆动，接触部位磨损；频繁的风力造成间隔棒支撑线夹与间隔棒框架长期摩擦碰撞，造成铝合金间隔棒磨损。

2. 绝缘子掉（断）串原因分析

V形串掉串故障多发生在球碗连接部位，在大风作用下，迎风一相导线的背风侧复合绝缘子受挤压，引起R销变形、球头受损，导致复合绝缘子下端球头与碗头挂板脱开，形成掉串故障，如图2–52所示。

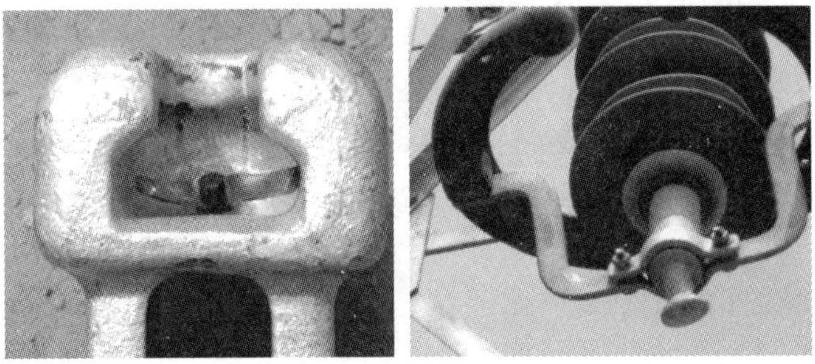

图2–52　V形串掉串

球碗连接结构（带R或W销）是最为灵活的铰接结构之一，运行经验丰富，安装方便，因此在V形串绝缘子和金具的连接中得到广泛应用。但从理论上讲，只要存在风的作用，球头和碗头之间就会发生摩擦，导致磨损；当风速较大、风作用的频次较高且连接金具转动不灵活时，则会加剧球碗间的磨损；磨损累积到一定程度后，就易引起R（W）销变形和球头受损。

3. 复合绝缘子伞裙破损原因分析

频繁的横线路大风是造成绝缘子伞裙疲劳破损的主要外界原因。受风速、频率影响，伞裙出现迎风偏折变形、周期摆动现象，根部与芯棒护套交接处产生周期性的应力集中，导致绝缘子局部硅橡胶材料应力疲劳，出现裂纹并最终发展成伞裙撕裂破损。

（三）导地线断股和断线

1. 微风振动造成断股和断线

在风的作用下，导线时刻处于振动状态，根据频率和振幅的不同，导线的振动大致可分为三种：高频微幅的微风振动、中频中幅的次档距振动和低频大振幅的舞动。三种振动中，导线微风振动发生最为频繁，同时也是造成输电线路损伤的主要原因。

微风振动是在低风速、无冰雪的条件下，发生的卡门涡振动。由于流体绕流过结构物的表面，在结构物的后方形成旋涡。此时，尾流中上面的气流向下挤，形成下涡，下面的气流又向上挤，形成上涡，二者交替出现，又交替从结构物上脱落，以略低于周围流体的速度向下游移动，在柱体后生成两列交替错开、旋向相反、间距保持不变、周期性脱落的旋涡，如图2–53所示。这便使结构物受到各交变的周期激励力，从而，引起结构物的周期性振动。这种振动称为卡门涡振动，微风振动即属此类。

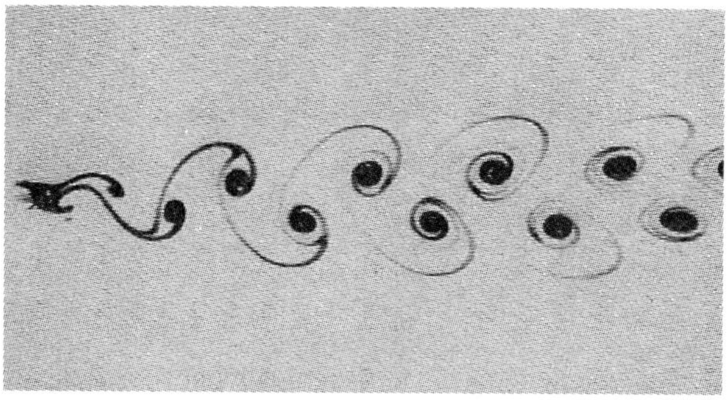

图2–53 卡门旋涡照片

旋涡脱落的主导频率 f（Hz）可按下式计算

$$f=S\times U/D \tag{2–2}$$

式中 U——自由流速度，m/s；

D——导线直径，m；

S——斯特劳哈尔数。

旋涡脱落所引起的结构振动，一般称为涡激振动，其振动频率等于旋涡脱落的主导频率。所以，微风振动实际上是一种受迫振动。

由于架空线常年暴露，风害引起的断股故障大部分集中在架空线的线夹和防振锤根部，小部分集中在架空线的中部或连接处。

如果线路微风振动控制不当，将使输电线路极易发生诸如导线疲劳断股、金具磨损、杆塔构件损坏等故障，对线路安全带来较大的危害。国内外经验表明，架空线路在沿海、沙漠、跨河、跨海等地形条件下容易发生严重的微风振动，没有防振保护措施的导线在两周内就可能导致疲劳断股，不但增加输电线路的功率损耗，造成电力浪费，甚至造成导线断裂而引起断电事故，严重威胁架空线的运行安全。

对国内部分地区架空输电线路的风振危害情况的调查表明，架空线路比较普遍地存在断股现象。特别是大跨越架空输电线路，由于具有档距大、挂点高、张力高、导线截面大、水面平坦开阔等特点，风输入导线的振动能量大，振动更为严重，而且大跨越在输电线路中具有“咽喉”的重要地位，更是架空线路中抗风振的薄弱环节，具有易于风振、难以防振的特点，一直是微风振动防治的重点。

2. 大风摆动造成断股和断线

导线应力分布不均，在受到顺线路大风的作用下整体摆动，长期疲劳断股。另外，局部的瞬时大风也会使导地线局部机械特性发生突变，导致局部应力过大发生断线。一般情况下档距分布不均匀容易产生断线事故。

电线疲劳损伤后容易断股，此时承力截面积减小，应力超过单丝抗拉极限后就会出现整体断线，发生事故。导地线与金具在大风的作用下长期磨损也是造成断股的主要原因之一。

3. 杆塔损坏

杆塔倒塔与风力、杆塔设计强度、杆塔结构、地理位置等因素息息相关。风力过大即最大风速超过了杆塔设计的抗风标准是造成杆塔倒塌的主要原因。其表现可分为杆塔强度不够引发的折杆现象以及塔基薄弱引发的整体倾倒现象。其中对于塔基薄弱的杆塔，抗倾覆能力不满足特大风力时，将会出现不同程度的上拔现象，是造成铁塔倾倒的重要原因之一。

从华东地区飑线风造成输电塔倒塔的共同特征可以看出，破坏主要集中在塔腿上部的塔身第一、二塔段位置。标准《架空输电线路杆塔结构设计技术规定》（DL/T 5154—2012）对设置横隔面的要求为：塔身坡度变更的断面处；直接受扭力的断面处和塔顶及塔腿顶部断面处应设横隔面。对于塔身而言，要求在塔身坡度不变段内横隔面设置的间距一般不大于平均宽度（宽面）的 5 倍，也不宜大于 4 个主材分段。可见，横隔面的设定数量是比较少的。对依据该标准设计的 500kV 输电杆塔进行的模态分析和抗风拟静力分析后发现，横隔面的缺乏造成结构的局部振型得不到抑制，从而在第三阶模态中就出现以塔身第一、二塔段斜撑的平面外振动为主的局部振型。抗风的拟静力分析结果也表明，由于横隔面的缺失，塔身第一、二塔段斜撑产生非常大的平面外位移。局部振型和平面外位移同时出现在塔身第一、二塔段斜撑上，而风荷载本身又是一个动力荷载，因此，在该部位出现斜撑失稳，从而导致倒塔。

此外，由于输电塔和导地线是一个耦联的系统，输电线受风的作用产生严重的振动，将会在导线内产生很大的动张力。动张力将对输电杆塔产生强大的拖曳作用，拖曳作用的大小与档距有直接关系。对于两边档距都比较大的输电塔而言，其所受的拖曳作用就更大，从而导致输电杆塔的破坏更严重。这也造成了档距大的塔与档距小的塔的倒塔特征不同。

四、防治措施

（一）风偏防治措施

1. 导线对杆塔构件放电治理措施

（1）直线塔导线风偏治理措施。

1）导线悬垂串加挂重锤。对于不满足风偏校验条件的直线塔，考虑施工方便，可考虑采用加装重锤的方式以抑制导线风偏，提高间隙裕度。对于一般不满足条件的直线塔，可直接在原单联悬垂串上加挂重锤，配重的选取应经设计院校核。加挂重锤治理方法施工方便、成本低，但阻止风偏效果较小。

2）单串改双串或 V 串。对于情况较严重的直线塔，可将原单联悬垂串改为双联悬垂串，并分别在每串上再加挂重锤，效果可以达到单串加挂重锤方案的 2 倍。对于只有一个导线挂点直线塔，可将原导线横担改造成双挂点。对于直线塔绝缘子风偏故障，可以将单串改为 V 形绝缘子串；处于大风区段的输电线路直线塔中相绝缘子，可采取“V+I 串”设计。

3）加装导线防风拉线。通过在导线线夹处加装平行挂板，连接绝缘子后用钢绞线侧拉至地面，起到在大风时固定杆塔导线风偏的作用。针对水泥单杆，在迎风侧中相导线采用对横担侧拉、边相导线采取八字对地侧拉，将拉线下端固定在电杆四方拉线上；对于水泥双杆，在迎风侧中相导线采取横向对电杆侧拉，边相导线采取加长横担侧拉方式；对于直线塔，在中相一般采取侧拉至铁塔横担处，如遇拉 V 塔，则固定至地面；同塔双回直线塔可在设计阶段采取增加底相横担方式固定拉线。此类控制导线风偏的方法普遍适用于无人大风区，并且安装维护方便简洁，防范措施较好，但是在加装地面导线防风拉线不适用于城镇居民集聚区和车辆行驶较为频繁的区域，还应注意采取防风拉线的防盗、防松措施。

4）加装支柱式防风偏绝缘子。支柱式防风偏绝缘子与悬挂的导线绝缘子成 30° 角安装，是防风偏线路改造重要措施之一。支柱式防风偏绝缘子与悬挂的导线绝缘子成 30° 角安装，虽然能防止风偏，抑制舞动，不会对塔头有影响，但会在风力特大的时候对悬挂导线的绝缘子与防风偏绝缘子连接端产生硬碰硬的损伤，所以需采取在支柱式防风偏绝缘子上端加装反相位缓冲阻尼器。当风力向塔型内侧迎面吹时，反相位缓冲阻尼器弹性阻尼原理会吸收和释放一部分风力。当风力达到高潮时反相位缓冲阻尼器产生反弹力，当风力向塔型外侧迎面吹时，反相位缓冲阻尼器弹性阻尼原理会吸收和释放一部分风力。当风力达到高潮时反相位缓冲阻尼器产生反相位拉力，抑制风摆，消振抑振，吸收和释放能量，能有效防止风偏和舞动现象。所以支柱式防风偏绝缘子与反相位缓冲阻尼器组合应用，能有效地抑制风摆，消振吸振，确保线路安全运行。

该产品在福建、浙江、广东等地区运行良好，有效地抑制了风偏和舞动现象，是目前防风偏防舞动的重要措施之一。

支柱式防风偏绝缘子实物挂网图如图 2–54 所示。

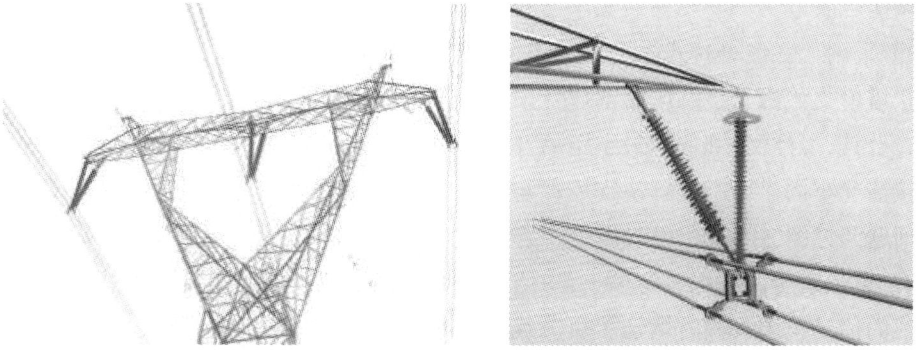

图 2–54 支柱式防风偏绝缘子实物挂网图

5）加装斜拉式防风偏绝缘拉索。防风偏绝缘拉索一般包括绝缘棒体和两端连接金具两部分，棒体包括伞裙和棒芯，棒体表层是绝缘伞裙，伞裙为硅橡胶复合材料。棒芯位于伞裙内，棒芯为环氧树脂玻璃引拔棒。高压端金具用于和塔身连接，连接安装时，只需在塔身上打孔，安装常用配套连接金具即可，操作方便。

6）外延横担侧拉导线。外延横担侧拉导线的技术手段替代传统的侧拉线，主要方法是在电杆上加长迎风侧横担，使导线绝缘子与侧拉绝缘子形成三角形，受力均匀，这种新技术极大地提高了导线防风能力，如图 2–55 所示。

图 2–55 外延横担侧拉导线设计

7）复合横担改造。将上层的金属横担改造成为复合横担（取消线路绝缘子），并使用悬式绝缘子斜拉复合横担以保证机械强度。

（2）耐张塔跳引线风偏治理措施。

1）加装跳线重锤。重锤适用于直线杆塔悬垂绝缘子和耐张塔跳线的加重，防止悬垂绝缘子串风偏上扬和减小跳线的风偏角。

2）跳线串单串改双串。对于不满足校验条件的耐张塔跳线串，或单回老旧干字型耐张塔单支绝缘子跳线风偏的治理，可将单串改为双 I 串或“八字”串，防止跳线或跳线支撑管风摆后放电。

3）采用“三线分拉式”绝缘子串。“三线分拉式”绝缘子串适用于单回路老旧干字型耐张塔单支绝缘子绕跳风偏治理。采用“三线分拉式”治理后的绕跳线串与杆塔、绝缘子、金具、导线各部件的最小距离及对杆塔和对导线的最小组合间隙符合规程要求，且连接情况牢固，可有效解决支撑管与杆塔单点连接受侧向风作用时引起支撑管前后旋转的问题（见图 2–56）。

4）耐张塔引流线加装防风小“T”接。通过在引流线两端加装附属引流线，降低原引流线的摆动范围，同时增加了引流线接头的通流能力，防止在线路大负荷运行时接头发热。此外，加装防风小“T”接还能分解耐张塔引流线长期风偏摆动与压接管接口处的受力，解决了引流线与压接管接口处出现的断股情况（见图 2–57）。

图 2–56 采用“三线分拉式”治理后的绕跳线串与杆塔

5）加装固定式垂直防风偏绝缘子。防风偏绝缘子适用于高压输电线路耐张塔硬跳线使用，能有效地防止跳线风偏和导线随风舞动，保证了引流线与地电位之间的绝缘距离，有效降低了线路风偏故障率。但是此措施需要线路巡视人员定期对绝缘子连接金具进行检查，防止松动脱落。这种新型跳线防风偏复合绝缘子将传统产品的安装方式由“铰链式”改为“悬臂式”，由摆动变为硬支撑，使跳线串由“动”改为“静”，因此有效地限制了跳线的摆动，从而保证了跳线对塔身的电气间隙，有效解决了跳线绝缘子风偏闪络的难题。

图 2–57 耐张塔引流线加装防风小“T”接

2. 导地线线间放电治理措施

导地线线间放电治理措施主要有减小档距、加装相间间隔棒、调整线路弧垂、改造塔头间隙等。

3. 导线对周围物体放电治理措施

对于导线对周围物体放电的治理，应校核导线或跳线的风偏角和对周围物体的间隙距离，不满足校验条件的应对周围物体（树木等）进行清理，保证导线与周围物体的安全距离。

（二）防绝缘子和金具破损

1. 金具磨损和断裂治理措施

（1）改变金具结构。对地线及光缆挂点金具“环—环”连接方式改为直角挂板连接方式，并使用高强度耐磨金具。

（2）磨损的间隔棒更换为阻尼式加厚型间隔棒。

（3）对磨损的耐张塔引流线进行了更换，并加装小引流处理，安装导线耐磨护套。

（4）对断裂的金具进行校核，对于强度不够的单串金具，更换为双串金具，增大金具强度。

2. 绝缘子掉（断）串治理措施

（1）V 形串掉串故障多发生在球碗连接部位，在大风作用下，迎风侧一相导线的背风侧复合绝缘子受挤压，引起 R 销变形、球头受损。对 V 串复合绝缘子可加装碗头防脱抱箍，防止复合绝缘子下端球头与碗头挂板脱开，防止掉串事故。

（2）对于新建线路中相 V 串复合绝缘子采用“环—环”连接方式，可有效避免绝缘子掉串问题。

（3）处于大风区段的输电线路直线塔中相复合绝缘子采取 “V+I 串”设计，边相采取了加装防风闪三脚架措施。

（三）防振动断股和断线

输电线路导地线断股断线的主要原因是微风振动。长期的振动会造成疲劳破坏与磨损，由其引起的线路事故需要有一个累积时间和过程。对付微风振动引起的断股断线事故应安装合适的金具进行治理，如防振锤、护线条、阻尼线、阻尼间隔棒、预绞式金具等。

（四）防杆塔损坏

（1）杆塔整体加固。对于处在大风区的水泥杆，为防止风蚀，可在杆体 9m 以下迎风侧安装钢板，并且钢板加装双帽。铁塔全部关键部位包铁加装防松（盗）螺母，辅材安装弹簧垫片。

（2）采用高强度建筑结构胶粘接钢材补强方案。高强度建筑结构胶粘接钢材补强主要包括粘钢补强和碳纤维加固两种，可防止水泥杆抱箍锈蚀后强度降低。高强度建筑结构胶和高强度补强材料必须具有防腐性能，由于黏接剂和清理除锈后的塔材结合紧密，可以做到无隙粘接，和空气隔绝，在补强的同时也具有防腐作用。

（3）加装杆塔防风拉线。为平衡杆塔受到的外部荷载作用力，提高杆塔强度，可以为强风地区杆塔加装防风拉线，有效保证杆塔不发生倾斜和倒塔。同时，可以减少杆塔材料消耗量，降低线路造价。拉线宜采用镀锌钢绞线，其截面不应小于 25mm^2。拉线棒的直径不应小于 16mm，且应采用热镀锌。

（4）更换杆塔。更换强度更高的杆塔是输电线路倒塔治理的根本措施。应根据倒塔事故情况和设计资料对杆塔强度进行校核，选择防风水平更强的杆塔型式和结构。

模块 4 防 冰

【模块概述】本模块包含输电线路覆冰的机理、影响条件、危害及防范措施等。通过原理分析、组织措施介绍，了解导线覆冰的机理及其对线路运行的危害，掌握输电线路防冰措施。

一、输电线路覆冰危害

据不完全统计，20 世纪 50 年代以来我国输电线路发生的大小冰灾事故已达上千次。1954 年，湘中电力系统 14 条输电线路发生断杆倒塔事故；1984 年贵州电力系统发生大范围架空线路覆冰事故，全省 27.37%线路跳闸，造成贵州电力系统解体；1993 年 11 月，葛双Ⅱ回 500kV 线路在距荆门 19km 处的海拔 500m 山上出现严重覆冰，造成 7 基杆塔倒塌的严重事故；2001 年初河南省电力系统 220kV 输电线路绝缘子大面积覆冰闪络，河南省电力系统几乎瓦解；2004 年 12 月，湖南、湖北发生大面积输电线路覆冰闪络、舞动事故，仅 500kV 线路在 7 日内发生冰闪 34 次；2005 年 2 月，湖南、湖北、重庆又发生大面积冰灾，造成多条输电线路倒塔，并伴随有导线舞动和绝缘子串冰闪事故。2008 年初我国南方大范围冰雪灾害中，对我国输电线路造成了严重的损害。

线路覆冰轻则引起闪络跳闸，重则导致金具损坏、断线倒杆（塔）等冰灾事故，对电网造成巨大损失，已成为威胁架空输电线路安全运行的重要因素。

二、覆冰机理

“华南静止锋”锋面示意图和线路覆冰形成机理示意图如图 2–58 所示。

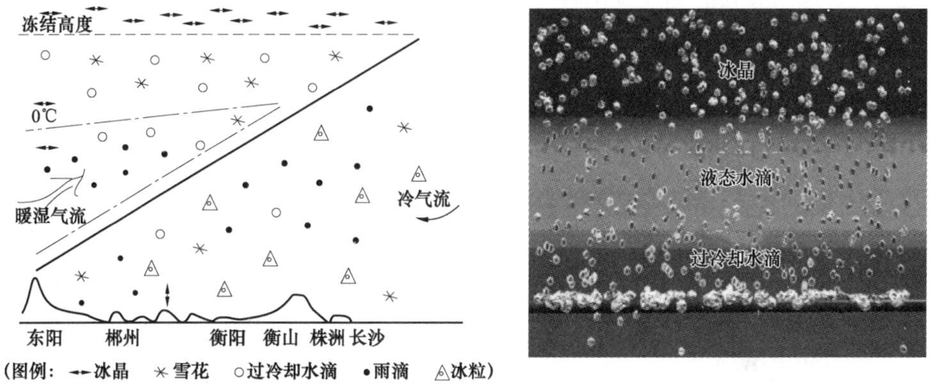

图 2–58 “华南静止锋”锋面示意图和线路覆冰形成机理示意图

冷暖气流相遇时，暖湿气流抬升导致在高空形成过冷却水滴，其下降过程中在风的作用下与导线或杆塔发生碰撞，在导线表面凝结成雨凇或雾凇形式覆冰。

三、覆冰条件

线路覆冰的气象条件主要有：空气相对湿度在85%以上、风速大于1m/s、气温及导线表面温度达到0℃以下。

当空气湿度相对较小或无风的情况下，即使温度在0℃以下，也不会发生覆冰现象。0℃以下保证了水能够凝结成冰；空气湿度大于85%保证了空气中有足够的过冷却水滴。而在覆冰过程中，风对覆冰起着重要的作用，它将大量的过冷却水滴源源不断地输向输电线路，与导线、架空地线、绝缘子、杆塔等的表面不断碰撞，并被不断捕获而加速覆冰。同时，风向对覆冰也有重要影响，当风向与物体平行或交叉角度很小时，覆冰较轻；当风向与物体垂直时覆冰较重。这一点也不难理解，由于风向平行时，过冷却水滴与物体碰撞的概率减小，反之就增大，因此风向对覆冰的厚度有直接的影响。

四、覆冰种类

根据覆冰表观特性不同，线路覆冰可分为雾凇、混合凇、雨凇和湿雪4种，其特征见表2–7。

表2–7　　导线覆冰种类及特征

导线覆冰分类		形状及特征	形成天气条件
雾凇	晶状雾凇	晶状雾凇似霜晶体状，呈刺状冰体；质疏松而软；结晶冰体内含空气泡较多，呈现白色	发生在隆冬季节，当暖而湿的空气沿地面层活动，有东南风时，空气中水汽饱和，多在雾天夜晚形成
	粒状雾凇	粒状雾凇似微米雪粒堆集冻结晶状体；形状无定，质地松软，易脱落；迎风面上及突出部位雾凇较多，呈现乳白色	发生在入冬入春季节转换，冷暖空气交替时节，微寒有雾、有风天气条件下形成，有时可转化为轻度雨凇
混合凇		其混合冻结冰壳，雾雨凇交替在电线上积聚，体大、气隙较多，呈现乳白色	重度雾凇加轻微毛毛细雨（轻度雨凇）易形成雾雨凇混合冻结体，多在气温不稳定时出现
雨凇		质坚不易脱落；色泽不透明或半透明体，在气温≈0℃时，凝结成透明玻璃状；气温小于–5～–3℃时呈微毛玻璃状的透明体，有光泽，闪闪发光似珠串	前期久旱，相对高温年份；常发生在立冬、立春、雨水节气前后；有一次较强的冷空气侵袭，出现连续性的毛毛细雨或小雨，降温至–3～–0.2℃，毛毛雨水滴过冷却触及导线等物，形成雨凇
湿 雪		又称冻雪或雪凇，呈现乳白色或灰白色，一般质软而松散，易脱落	空中继续降温，降雨过冷却变为米雪，有时仍有一部分雨滴未冻结成雪花降至地面，在电线上形成雨雪交加的混合冻结体

五、技术防范措施

1. 避

设计单位应参照冰区、舞动区域分布图，尽量避开风口、垭口、山口、湖泊等易覆冰地形及重冰区，易舞区，落实防冰、防舞动技术规范规程。

2. 抗

运检部门和运维单位参与新建线路初设评审和工程验收，督促落实防冰、防舞动技术规范规程和反事故措施，提高线路抗灾能力。

3. 改

每年覆冰期结束后，运维单位组织对覆冰线路进行集中巡视和隐患排查，全面评估设备运行状态和冰害对线路的影响。根据冰区分布图、故障情况、运行经验及评估结果，对经校核抗冰能力达不到要求的线路进行抗冰技术改造（绝缘子插花、耐张段加强、缩短耐张段长度、地线支架加强、整塔更换、局部改道等）；根据舞动区域分布图、故障情况、运行经验及评估结果，按反事故措施要求，进行舞动区域线路技术改造。

4. 防

根据雨凇分布图、冰区分布图等资料，制定特殊防冰措施，对一些特殊区段，在覆冰期，在确保电网安全的条件下，可采取临时拆除地线的防冰措施。

5. 融

每年覆冰期前，运维单位修订交直流融冰方案，利用各种融冰技术，在覆冰期间，根据方案及融冰策略开展融冰。

6. 新

冰灾对线路的影响复杂多样，为应对冰灾对线路的破坏，积极探索机器人除冰、防冰涂料、新型导地线等新技术、新材料在线路防冰中的应用。

模块5 防外力破坏

【模块概述】输电线路外力破坏是人们有意或无意造成的线路部件非正常状态，主要有碰线、盗窃、施工、爆破、山火、车辆碰撞等情况。

一、外力破坏概况

输电线路穿越各种地理环境，受外部环境影响较大，伴随经济社会的快速发展，市政、路桥等施工建设给线路安全运行造成的隐患逐渐增多，输电线路遭受外力破坏的风险也随之增大。2010 年至 2014 年国家电网公司 330kV 及以上线路共发生外力破坏故障 436 次，占故障总量的 18.7%，停运 274 次，占停运总数的 35.12%，且呈逐年增长趋势，外力破坏故障已经成为造成输电线路停运的主要原因。

输电线路外力破坏根据设备属性可分为架空线路和电缆线路两个部分，架空线路外力破坏分为盗窃及蓄意破坏、施工（机械）破坏、树竹砍伐、异物短路、山火短路、爆破作业破坏、钓鱼碰线、化学腐蚀、非法取（堆）土、采空区 10 种类型，电缆线路外力破坏分为盗窃及蓄意破坏、施工（机械）破坏、火灾、塌方破坏、船舶锚损 5 种类型。

防止外力破坏事故最根本的措施是加强电力设施保护宣传，使输电线路沿线群众认识到破坏电力设施的严重后果，自觉自愿地加入到保护电力设施的行列。聘用沿线居民作为护线员，建立护线组织，也是一种有效的防范外力破坏措施。护线员对当地环境及人员熟悉，与所看护的输电线路邻近，一旦出现破坏电力设施的苗头或隐患，能及时发现并报告或制止。此外，还可采取各种技术防范措施。

二、外力破坏特点

外力破坏引发的线路事故与其他事故相比较，具有以下几个特点。

（1）破坏性大。不仅能引起设备损坏或停电事故，还常伴随着人身伤亡事故的发生。

（2）季节性强。如树（竹）木碰线一般发生在春季和夏季，垂钓碰线一般发生在夏季或秋季，山火短路事故一般发生在秋季、冬季或者清明等节气时间。

（3）区域性强。如盗窃破坏、机械破坏、异物短路破坏一般发生在城乡接合部、开发区附近或厂房附近，爆破事故一般发生在采石场、大型施工场所等区域。

（4）防范困难。由于输电线路分布点多、面广，一条线路往往经历不同的区域，呈现出不同的区域特征，而且区域环境变化快速，不易有效掌握，因此，相对于其他线路事故，外力破坏的防范更加困难。

三、常见外力破坏类型

1. 盗窃及蓄意破坏

盗窃及蓄意破坏主要是由于故意盗窃和破坏输电线路本体装置及附属设施而造成输电线路损坏或故障，其主要表现形式有输电线路杆塔塔材、螺钉被盗拆，导地线、拉线被盗割，附属设施和装置遭到人为偷盗和损坏。盗窃及蓄意破坏行为直接威胁输电线路设施安全，严重情况下导致倒塔、断线，甚至威胁到公共安全。

2. 施工机械碰线

施工机械碰线是最常见的外力破坏形式。从施工机械碰线发生的地域分布来看，主要发生在城镇、城乡接合部等人口稠密的地区，这些地区经济相对比较发达，工商业建筑施工、农民建房等现象普遍，但对《电力法》《电力设施保护条例》等法律、法规缺乏了解；输电线路保护区被侵占现象普遍，加之缺乏高电压知识和电力设施保护意识，在作业中常有误碰带电设备的现象，触电伤人事件也时有发生；公路、铁路沿线也是外力故障的多发地段，近年来新建、改建公路及铁路较多，且筑路机械及车辆超高超大，经常出现碰线故障。发生碰线的施工机械有塔吊、吊车、混凝土泵车、打桩机、自卸车等。随着城乡建设的快速发展，输电线路的走廊越来越受到制约，线房矛盾、线路（铁路、公路）矛盾等输电线路与其他建设的矛盾越来越突出；现代施工多采用大型施工机械，其高度往往超过输电线路的高度，在线下及两侧作业时极易引发碰线事故。

3. 树竹碰线

树竹碰线一般有三种情况：一种是导线和树竹垂直距离不足，当气温升高，导线弛度降低，而树竹继续生长，导致两者的静态距离不足发生短路；一种是树竹生长在线路两侧并超过导线高度，遇有大风时，两者出现左右摆动、摇晃，距离接近发生放电；还有一种是位于线路两侧的树竹在砍伐或遇到外力时倾倒在导线上，发生短路。

4. 异物短路

异物短路也是近年来一种常见的外力破坏。异物短路主要是由彩钢瓦、广告布、气球、飘带、锡箔纸、塑料遮阳布（薄膜）、风筝以及其他一些轻型包装材料缠绕至导地线或杆塔上，短接空气间隙后造成的短路故障。这些异物一般长度长、质量小、面积大，遇风即可能随风飘荡，当其缠绕到导地线、杆塔上时就可能引发异物放电。对于锡箔纸等导电物质，一旦其短接了导线与其他接地体就会发生放电；对于塑料布、风筝线等绝缘物质，即使其短接了导线与接地体也不一定引发线路短路，但如再遭遇雨、雾等气象就可能发展为短路事故。异物短路存在非常大的随机性，较难防范，但也可以通过以下措施在一定程度上降低其发生概率。

5. 山火短路

许多输电线路跨越森林、草原、灌木等，冬春干燥季节，这些地区易发生火险。如大火蔓延到输电线路通道内，如导线对地距离较小，由于空气在高温下的热游离作用及燃烧后产生的导电颗粒，可能引起输电线路对地或相间短路；如杆塔周围堆积的易燃物较多，甚至可能将杆塔构件及复合绝缘子烧损，引起倒塔掉线事故。对于这类输电线路事故，作为输电线路运行维护部门，防范难度较大，但通过采取如下技术防范措施可以降低其危害程度。

6. 爆破作业破坏

输电线路沿线开山炸石、勘探等爆破行为对输电线路的危害极大，轻则炸伤导地线、杆塔构件及引起线路跳闸，重则引起断线事故。对于输电线路沿线的爆破行为，对于非法爆破的应以配合公安机关取缔的措施为主，禁止其在线路两侧 300m 范围内从事爆破作业；对于合法爆破的，应积极联系、协商，选择合理的爆破位置、方向及装药量等，尽量避免伤及线路设施。

7. 钓鱼碰线

钓鱼碰线主要是由于在输电线路下方或附近垂钓而引发的事故。危险的垂钓场所中鱼竿或鱼线因接近或接触带电导线而导致线路故障。钓鱼碰线会对垂钓者造成极大的伤害甚至危及生命安全。

8. 化学腐蚀

化学腐蚀主要是由于在输电线路杆塔基础及拉线周边倾倒酸、碱、盐等有害化学物品，对杆塔接地装置、拉线、基础等地埋金属部件及混凝土结构造成腐蚀及破坏。

9. 非法取（堆）土

非法取（堆）土主要是在输电线路杆塔周边及保护区内非法进行取土挖掘或堆积过程中，由于挖掘过量或堆积过高而直接造成杆塔基础培土不足、杆塔失稳、倾倒，或导线对堆积物距离不足而发生的各种危害。

10. 采空区

采空区是指地下开采引起或有可能引起地表移动变形的区域。主要是由于矿产开采引起的地表下沉、塌陷，导致输电线路基础沉降、位移或杆塔倾斜、构件变形、撕裂等。

四、防治措施

1. 加大电力设施保护力度，做好事故预防

防止电力设施外力破坏，保证电网安全运行的工作是长期的、艰苦的，仅靠运行和管理部门是远远不够的，只能也必须依靠全社会的共同努力，供电部门要充分利用现有的宣传工具及多种宣传形式，进行重点宣传，每一个巡视人员就是一个宣传员，要走到哪里宣传到哪里。可以把《电力设施保护条例》和典型的事故案例、惨痛教训结合起来编印成册，散发给沿线村民便于学习，也可以利用农村墙壁涂写电力安全宣传标语，举办安全教育专栏，进行安全知识教育，扩大宣传。

电力部门可以利用广播、电视、网络、报纸等各种有效手段，积极宣传和普及电力法律、法规知识，增强群众保护电力设施的意识。电力设施安全保卫部门应积极主动地与当地公安机关交流情况，沟通信息，注重防范，建立电力、公安联保体系，通过快速侦破破坏电力设施案件，打击犯罪分子，清理非法收购点，使盗窃电力设施的犯罪分子得到应有的惩罚、盗窃行为无利可图，营造良好的社会保护环境。

2. 巩固健全群众护线员制度，做好事故预防

加强对群众护线员队伍的动态管理，组成一支能深入基层，熟悉乡情的乡（镇）的、以线路沿线居民为主的护线员队伍。群众护线员是对专职护线工作的一种有益补充，通过工程技术人员定期给义务护线员讲授输电线路维护知识课，利用护线员居住在线路附近、地理环境熟悉、线路设备可随时监控的有利条件，建立奖惩分明的激励机制，充分发挥义务护线员对输电设备巡查、报警的积极性，及时弥补了野外设备大部分时间无人看管的现状，可以保障设备安全健康运行。

3. 要掌握杆塔所处地理位置的特点，做好事故预防

（1）位于村庄距离较远且附近没有道路通过的杆塔，由于其偏僻，夜间人迹罕至，是犯罪分子猎取的主要对象，加装防盗螺栓是主要手段，有条件时可以在杆塔上安装在线监测系统，监视杆塔运行状况。

（2）位于道路中间或距离公路较近的杆塔，要做好防止机动车辆撞击的防护措施，应当在杆塔周围修筑防撞墙，防撞墙上要有醒目的红白相间防撞标志。

（3）通过鱼塘上方的线路，要预防垂钓人不小心将鱼竿、鱼线误触高压导线，造成人员伤亡，线路跳闸的事故。鱼塘旁边的杆塔上悬挂“注意高压危险”警示标志。

4. 要及时掌握线路通道情况，做好事故预防

输电线路通道内的情况是错综复杂、随时可能变化的，能否及时掌握线路通道内各

类情况的变化，是能否掌握线路安全主动权的关键，就预防外力破坏而言，线路通道内有三种情况需要我们认真对待处理：近几年，城市建设、改造势头迅猛，个别施工单位对于高压输电线路的重要性和发生事故后的危害性认识不够，为赶工期，忽视安全管理，针对这些情况，做好事故预防，缩短线路巡视周期，对于问题严重的地段，要派人员现场守候，及早发现、解决；再者，要依据有关法律法规与有关施工单位签订安全施工协议，明确双方安全责任，采取双方都认可的安全措施，避免事故发生。

5. 要掌握季节特点，做好事故预防

（1）春季是人们外出活动踏青、放风筝的季节，在有可能放风筝的地方，要在杆塔上悬挂醒目的“高压危险、禁止防风筝”警示标志。

（2）夏季由于气温升高，是高压线路导线弧垂增大的季节，容易引起导线对地或交叉跨越物安全距离不够，导致事故的发生。一般来说，新建线路交叉跨越安全距离没有多大问题。但是，对于那些运行年代较久线路，由于其导线的初伸长已经释放完毕，加上线下出现新的交叉跨越物，安全距离则不能完全保证，要及时处理不符合规程要求的交跨。

（3）冬、春之交是输电线路设备遭受盗窃和外力破坏最严重的季节。在这个时期内，我们应当积极配合公安机关、当地派出所对重点地段加强监控。掌握季节特点，提前做好事故预防，开展有针对性的工作，我们就能掌握主动权。另外，对于重点地段、重点部位我们不能按常规的每月一次巡视周期去巡视线路，一定要缩短线路巡视周期，增加巡视次数，发现问题及时采取措施，把事故消灭在萌芽状态。

6. 在杆塔的设计和塔型选用上做好事故预防

（1）输电线路的杆塔形式和加工选材是多种多样的。在我们使用的众多杆塔中防盗效果最好的应属钢管塔，这类杆塔整体性好，无须拉线且强度较高，犯罪分子无从下手，在城市和人口密集的地方应当推广使用。但其缺点是：这类杆塔在遭到汽车或其他机动车辆的撞击时，由于头部较重，容易倒塌，运行维护中可以在这些杆塔基础周围垒砌防护墙，在设计选用时应当从使用条件、地理位置等多方因素予以考虑。

（2）现在我们广泛使用的角铁塔，这类杆塔长年暴露在野外，在线路设计时就应当考虑其具有防盗性，110kV 以上线路铁塔 8m 以上安装防盗帽，在线路基建工程时就做好防盗措施。

7. 建立危险点预控体系和特殊区域管理

线路运行部门应按照各输电设备途径的地理环境及特殊地段，根据外力破坏的类型建立不同的特殊区域，并根据季节性、区域性等特点，制定相应有效的预防控制措施，将其纳入各自的危险点数据库，进行滚动管理。如对开发区、大型施工区等开发建设，应根据实际情况及时发隐患通知书，并缩短巡视周期，待隐患消除后再延长巡视周期；对于毛竹生长季节应根据毛竹速长的特点加强季节性特巡，防患于未然，同时对某些可以采取加塔顶高或升高改造杆塔处，运行单位应积极采取措施，由于竹类的生长高度基本固定，采用升高杆塔措施能一劳永逸地取消该危险点。

8. 采用在线监控等新技术，做好事故预防

各线路运行部门应根据实际需求，积极应用输电线路危险点在线实时监控、防盗报警等新技术，建立外力破坏危险点的实时监控平台，不断提高输电线路的自防自卫能力。根据日常巡线的经验，在线路位于施工点附近、人口密集区、林区、开发区、交通繁忙区等的危险点安装线路视频监视装置，以解决巡线人员不可能做到的，实时监视、记录这些危险点的环境情况，及时发现违章和危及线路安全运行的行为，并及时进行制止，避免造成事故。

9. 做好应急机制的建设和突发事件应急预案

做好应急机制的建设和突发事件应急预案，是提高事故处理速度，减少事故损失，防止事故扩大的唯一有效措施。“事故发生以后，事故的本身并不重要，重要的是事故的处理过程”。

（1）要建立防止外力破坏电力设施的预警机制，通过研究和分析，总结电力设施保护工作的规律，做到防范关口前移，提高防范工作的预见性。

（2）在快速反应机制建设和具体预案制订上，结合所辖线路半径较长，具体考虑特殊因素，进一步细化和修改完善。

（3）继续研究在保证抢修工程中的人员安全、设备安全的前提下，提高反应速度，特别是边远地区、车辆无法到达地区突发事故的响应水平。

（4）不断添置、完善紧急预案中抢修配套的工器具，尤其是添置夜间照明灯具、偏远地区的通信，交通不便利地区的运输车辆等装备，从装备上保证抢修队伍的事故反应速度。

模块6 防 鸟 害

【模块概述】近年来，随着电网的不断延伸及生态环境改善，鸟类在架空电力线路附近活动日益增多，由于鸟类活动而引起的输电线路故障次数明显上升，对电网安全运行造成了一定的影响。本模块介绍了架空电力线路鸟害的类别、特性等，重点讲解了防鸟刺、防鸟盒、防鸟挡板、防鸟针板及防鸟绝缘包覆等措施。

一、鸟害种类

鸟害一般分为鸟巢类、鸟粪类、鸟体短接类和鸟啄类四大类，其中鸟粪类又可分为鸟粪污染绝缘子闪络故障和鸟粪短接空气间隙。

1. 鸟巢类

鸟巢类是指鸟类在杆塔上筑巢时，较长的鸟巢材料减小或短接空气间隙，导致的架空输电线路跳闸。

2. 鸟粪类

鸟粪类是指鸟类在杆塔附近泄粪时，鸟粪形成导电通道，引起杆塔空气间隙击穿，或鸟粪附着于绝缘子上引起的沿面闪络，导致的架空输电线路跳闸。

3. 鸟体短接类

鸟体短接类是指鸟类身体使架空输电线路相（极）间或相（极）对地间的空气间隙距离减少，导致空气击穿引起的架空输电线路跳闸。

4. 鸟啄类

鸟啄类是指鸟类啄损复合绝缘子伞裙或护套，造成复合绝缘子的损坏，危及线路安全运行。

二、鸟害特性

鸟害具有一定规律性，如季节性、时间性、区域性、瞬时性、重复性等。

（1）季节性。冬春两季是鸟害的多发期。据统计，输电线路鸟害故障在 4 月至 7 月发生次数较多，这是由于该段时期为鸟类的繁殖期，鸟类活动频繁。鸟类迁徙的 3 月、11 月等也是鸟害的高发月份。

（2）时间性。鸟巢类故障大多发生在凌晨或白天，鸟粪类故障一般发生在夜间至凌晨或傍晚。

（3）区域性。大部分鸟害发生在人员稀少的丘陵、山地、水田，邻近水源，无树林。

（4）瞬时性。鸟排泄粪便及鸟筑巢所引起的鸟害跳闸，一般属于单相接地瞬时故障，不会造成单相接地永久性故障，线路重合闸几乎都能动作成功。

（5）重复性。有过繁殖经历的鸟类出于对原有领域或巢址的依恋，往往会多年在同一地点繁殖。拆除鸟巢之后，长则几天，短则一两个小时，鸟类很快又在原杆塔原位筑巢，特别是正处于繁殖期间的鸟类，反复筑巢的特点更加明显。

三、鸟害防治原则

1. 差异化防控

应根据鸟害故障风险分布图、历史鸟害故障及运行经验，划分线路鸟害重点区域及主要防控故障类型，在线路初设、工程验收及运维等环节中，执行防鸟的技术标准及反措要求。鸟害多发区的新建线路应设计、安装必要的防鸟装置。新建、改建线路应尽量远离大型涉禽如鹭类、鹳类聚集区 5km 以上，避免穿过大型鸟类集中取食地与栖息地之间的区域。在路径难以避让的情况下，应加强鸟粪类故障防治措施。

2. 优先疏导

在线路运维期间，对鸟害隐患处置时倡导对鸟类活动进行疏导。对不在绝缘子上方风险区的鸟巢，可不移动或拆除鸟巢，仅对较长的鸟巢材料进行修剪。若鸟巢处于绝缘子上方风险区，则应拆除或移至离杆塔较远的安全区内，同时可使用人工鸟巢辅助固定，并及时检查和消除杆塔可能存在的封堵漏洞。

3. 落实封堵

根据鸟害故障风险分布图及运行经验对新建和运行线路采取相应的防鸟封堵措施。注重防鸟装置设计加工的精细化管理，除按照杆塔设计图纸确定防鸟装置的尺寸外，必要时应登塔进行尺寸测量，保证防鸟装置安装后与杆塔贴合紧密。新设计的防鸟装置在批量生产前，应在杆塔上进行样品试装。

4. 积极创新

结合运行经验，积极开展新型防鸟装置的研制及改进工作，配合使用驱鸟、挡鸟、引鸟等多种措施，最终实现电网与鸟类的和平共处。

四、鸟害防治措施

目前，线路防鸟害措施主要分为：挡鸟、驱鸟及驱引防结合方式。鸟巢类故障防治的措施主要有防鸟封堵盒（以下简称防鸟盒）、防鸟挡板等。鸟粪类故障的常用防治措施包括：防鸟刺、防鸟挡板、防鸟粪绝缘子、防鸟屏蔽罩、防鸟绝缘包覆、防鸟针板等。此外有风车式惊鸟器、智能声光驱鸟器等装置驱鸟，或使用人造鸟巢、栖鸟架的方式对鸟进行引导，防止鸟类活动危害线路安全运行，防鸟措施的优缺点对比见表 2–8。

表 2–8　　主要防鸟措施的优缺点对比

装置名称	优　点	缺　点
防鸟刺	制作简单，安装方便，综合防鸟效果较好	1. 不带收放功能的防鸟刺会影响常规检修工作。 2. 小鸟会依托防鸟刺筑巢
防鸟盒	使鸟巢较难搭建于封堵处，且能阻挡鸟粪下泄	1. 制作尺寸不准确可能导致封堵空隙。 2. 拆装不方便。 3. 不适用 500（330）kV 及以上线路
防鸟挡板	适合宽横担大面积封堵	1. 造价较高。 2. 拆装不方便。 3. 可能积累鸟粪，雨季造成绝缘子污染。 4. 不适用于风速较高的地区
防鸟粪绝缘子	有一定防鸟效果，还可以提高绝缘子串耐雷、耐污闪水平	保护范围不足
防鸟针板	1. 适用各种塔型。 2. 覆盖面积大	1. 造价较高。 2. 拆装不便。 3. 容易异物搭粘
防鸟绝缘包覆	增大绝缘强度，有一定的防鸟粪效果	1. 须停电安装。 2. 造价高。 3. 安装工艺复杂。 4. 存在老化问题
旋转式风车、反光镜等惊鸟装置	使用初期有一定防鸟效果	1. 易损坏。 2. 随着使用时间延长，驱鸟效果逐渐下降

续表

装置名称	优　点	缺　点
声、光驱鸟装置	有一定防鸟效果，单个声、光驱鸟装置的保护范围较大	1. 电子产品在恶劣环境下长期运行使用寿命不能得到保障。 2. 故障后需依靠设备供应商进行维修。 3. 随着使用时间延长，驱鸟效果逐渐下降
人工鸟巢	环保性较好	1. 引鸟效果不稳定。 2. 主要适用于地势开阔且周围少高点的输电杆塔
电容耦合式驱鸟板	驱鸟效果明显	1. 安装较复杂。 2. 降低了线路绝缘水平。 3. 增加塔上作业难度

第三章

新技术介绍

模块1 新 设 备

【模块概述】输电线路在线监测作为状态检修的重要技术手段，其监测数据可节约大量的人力巡线成本，此外，及时发现潜伏性故障对预防停电事故至关重要。本模块重点介绍了10种类型的在线监测装置的意义、原理。虽然当前受到电源与通信问题的制约，在线监测在实际应用中难免出现各种故障，但是随着科学技术的不断发展，特别是OPGW的普及以及在线取能技术的进步，在线监测终将成为线路运维的重要手段。

一、在线监测装置现场布点原则

输电线路在线监测装置的现场配置应遵循必要性和适用性的原则，结合运行情况和实际需求，统筹考虑，优化方案设计，宜安装在战略输电通道、核心骨干网架的重要线路、巡线或抢修困难地区、微地形微气象地区、采空区或地质不良区、重要跨越区段、外力破坏多发区等。10种典型监测装置的现场布点原则可参考表3–1。

表3–1 典型监测装置的现场布点原则

序号	典型监测装置	典 型 现 场
1	微气象监测	大跨越、易覆冰区和强风区等特殊区域区段；因气象因素导致故障（如风偏、非同期摇摆、脱冰跳跃、舞动等）频发线路区段；传统气象监测盲区、行政交界区、人烟稀少区、高山大岭等无气象监测台站的区域
2	图像/视频监测	外力破坏易发生区（违章建房、开山炸石、吊车施工等外力破坏易发生区域）；火灾易发生区；易覆冰区；通道树木（竹）易生长区；偏远不易到达区和其他线路危险点；缺陷易发生区
3	导线覆冰监测	曾经发生严重覆冰的区域；重冰区部分区段；迎风山坡、垭口、风道、大水面附近等易覆冰特殊地理环境区；与冬季主导风向夹角大于45°的线路易覆冰舞动区
4	微风振动监测	跨越通航江河、湖泊、海峡等的大跨越；可观测到较大振动或发生过因振动断股的档距
5	舞动监测	曾经发生舞动的区域；与冬季主导风向夹角大于45°的输电线路、档距较大的输电线路；易发生舞动的微地形、微气象区的输电线路
6	导线测温监测	需要提高线路输送能力的重要线路；跨越主干高铁、高速公路、桥梁、河流、海域等区域的重要跨越段
7	导线弧垂监测	需验证新型导线弧垂特性的线路区段；曾因安全距离不足导致频发故障（树线放电）的线路区段

续表

序号	典型监测装置	典 型 现 场
8	风偏监测	曾经发生过风偏放电的直线塔悬垂串或耐张塔跳线；常年基本与主导风向（大风条件下）垂直的档距；常年风速过大的地区线路；对地风偏放电的线路
9	现场污秽监测	现有的污区等级点；在范围内污染最严重的地点；曾经发生过污闪事故或现有爬距不满足要求的区域
10	杆塔倾斜监测	采空区；沉降区；土质松软区、淤泥区、易滑坡区、风化岩山区或丘陵等不良地质区段；已发生杆塔倾斜需动态观察区段；重要线路大转角杆塔、终端杆塔等

二、典型在线监测装置介绍

为引导输电线路在线监测技术发展，加强装置管理，规范在线监测工程化应用，进一步提升在线监测应用水平，确保在线监测发挥应有功能和效果，强化对大检修体系的技术支撑作用。2012 年在对输电线路在线监测应用现状充分调研的基础上，国家电网公司运维检修部启动了输电线路在线监测质量提升工作，国内主流监测装置厂商产品从设计到生产也得到全面改善。根据国网质量提升工作总结报告，目前，主要采用的输电线路在线监测装置共有 10 种类型：杆塔倾斜、覆冰、微气象、微风振动、舞动、视频/图像、导线测温、导线弧垂、风偏和污秽度监测。下面将详细介绍各类型监测装置原理及数据应用，仅供线路运维人员参考借鉴。

（一）杆塔倾斜监测装置

1. 杆塔倾斜监测的意义

杆塔倾斜是由于基础不均匀沉降引起杆塔中心偏离铅垂位置的一种现象。在煤矿采空区、某些土质松软地区等，因地面不均匀沉降，致使基础滑移，杆塔向某一方向倾斜等。

例如，处于采空区的杆塔，常发生倾斜现象，其发生变化经常在春季和夏季。这是由于采空区的杆塔，其各个基础周围土壤受采空区地形变化造成的影响程序不同，这种土壤变化情况在春季和夏季会表现得更加明显。春季，由于大地复苏，地下冻土解冻，土壤变得松软，采空区杆塔基础周围土壤发生下沉，导致杆塔基础受力不均匀，杆塔会发生倾斜。夏季雨水多，杆塔基础周围土壤受雨水冲刷作用，也容易出现下沉、塌陷，造成杆塔基础受力不平衡，同样使杆塔倾斜。再如处于某些土质松软地区的杆塔，因软土地基的地质条件较差，加上勘察、设计不当或施工质量低劣以及自然灾害等原因，常使杆塔产生不均匀下沉，使其发生倾斜等现象。

杆塔倾斜会造成倒塔、断线、跳闸等事故，严重影响输电线路的安全运行，需要预防这种现象的发生。在杆塔倾斜、不均匀沉降或位移现象发生的初期，巡线人员很难通过目测观察到，需要借助于仪器进行监测和预警，及时采取杆塔纠偏措施，从而保证线路的安全运行。

2. 杆塔倾斜监测原理

杆塔倾斜监测装置由双轴倾角传感器、太阳能电池板、蓄电池和主机箱构成。其中，双轴倾角传感器安装于杆塔顶端，可以测得顺线路方向的倾斜角 θ_x 和横线路方向的倾斜角 θ_y。其中，x 轴向设定：人面向杆塔大号侧顺线方向作为 x 轴正方向；y 轴向设定：人面向杆塔大号侧横向右方向作为 y 轴正方向。

顺线倾斜度 G_x 为杆塔沿线路方向的倾斜值与监测点地面高度之比。横向倾斜度 G_y 为杆塔在垂直于线路方向的倾斜值与监测点地面高度之比。它们与倾斜角之间的关系为：

$$G_x = \tan\theta_x \tag{3-1}$$

$$G_y = \tan\theta_y \tag{3-2}$$

综合倾斜度 G 为杆塔偏离中心线的倾斜值与监测点地面高度之比：

$$G = \sqrt{G_x^{\ 2} + G_y^{\ 2}} \tag{3-3}$$

图 3–1　某杆塔倾斜监测装置与塔材的连接片

经过大量安装试验，倾角传感器安装时很难与杆塔保持水平，因此传感器测得数据并不准确。图 3–1 是某在线监测厂家设计的传感器与杆塔连接使用的铁片，从图中可以看出传感器与杆塔分别通过螺钉与该连接片的两端相连，实现传感器对杆塔倾斜的实时监测。传感器和杆塔与连接片通常不能保证绝对平行，如不同点的螺钉受力不一样，微小的偏差都会引起传感器的巨大误差。

由于在安装时，倾角传感器无法与杆塔横担保持平衡，所以，安装后的初始值（假设这个初始值为 A）不是杆塔实际的倾斜值，所以以后每次测得的值（设这个值为 C）都不准确。因此，线路运维人员应实际测量安装杆塔倾斜装置时的杆塔倾斜值（设这个值为 B）。为了准确反映杆塔实际倾斜值，真正发挥在线监测的作用，宜将 $C-A+B$ 作为最终数值传给状态监测系统（$C-A$ 是杆塔倾斜监测仪测得的杆塔倾斜变化量，B 是实际测量值，$B+C-A$ 作为杆塔倾斜检测仪测量杆塔实时数值）。杆塔倾斜监测数据分析图如图 3–2 所示。

3. 杆塔倾斜报警范围

根据《DL/T 741—2010 架空输电线路运行规程》中的相关规定，50m 及以下杆塔综合倾斜度不应大于 1%，即 10mm/m、50m 及以上杆塔综合倾斜度不应大于 0.5%，即 5mm/m。

（二）覆冰在线监测装置

1. 导线覆冰监测的意义

架空线路由于覆冰严重影响了供电的可靠性，我国受大气候和微地形、微气象条件的影响，冰灾事故频繁发生。许多地区因冻雨覆冰而使输电线路的荷重增加，造成断线、倒塔、闪络等事故，给社会造成了巨大的经济损失。因此，输电线路覆冰故障一直是困扰电网安全稳定运行的重要影响因素，由于冰害跳闸重合成功率较低，根据国家电网公司 2008—2015 年统计结果，冰害造成的故障停运占比高达 32.6%，是除外力破坏之外导致线路故障停运的主要原因。尤其是 2008 年 1 月我国南方地区大面积降雪，导致湖南、贵州、四川等 19 个省份不同程度受灾，累计经济损失高达 537 亿元。此外，覆冰导线舞动由于振幅较大，可以导致相间闪络、金具损坏、跳闸停电、导线折断等严重事故。由于导线覆冰往往伴随着恶劣天气，地面积雪导致交通不畅，同时，高山峻岭的大雾也无形增加了运维人员巡线难度，因此，导线覆冰情况往往难以及时掌握，通常是线路跳闸后才发现覆冰。此外，对导地线覆冰进行实时监测，也是线路融冰的重要前提。

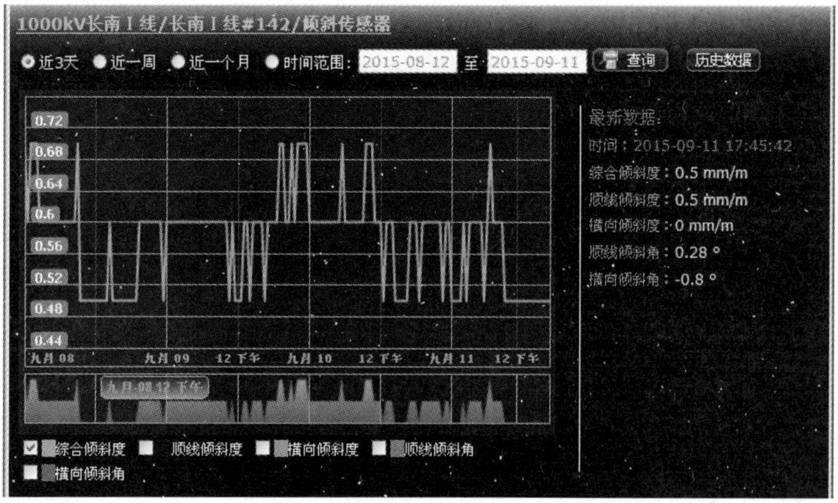

图 3–2 杆塔倾斜监测数据分析图

2. 覆冰监测原理

目前，国内外主要采用的导线覆冰厚度监测技术有以下三种。

（1）图像等效判别法。通过在输电杆塔上安装视频监控探头，将线路覆冰形成过程进行全程记录分析，同时，利用阈值方法对导线覆冰前后的边界轮廓进行比较然后通过标定估计其覆冰厚度。这种方法简单易行，并且真实直观，但不能真实反映导线等值覆冰情况。例如，导线不同部位覆冰厚度不同，而且，线路覆冰时往往伴随有大雾天气，摄像头难以清晰观测导线实际情况，部分探头甚至出现被冰雪覆盖或出现冻结问题。

（2）耐张段导线覆冰厚度监测法。通过测量耐张段轴向导线张力和悬挂点绝缘子倾斜角，对导线覆冰前后荷载进行对比，从而推算出导线覆冰厚度。该方法主要是根据耐张段轴向导线张力来对输电线路覆冰情况进行计算，因此它主要是针对单独耐张段进行的，并且只能对单独的耐张段和整个连续档导线在相同的均匀覆冰情况下进行计算，不能反映各档间不均匀覆冰的情况。此外，根据覆冰倒塔断线事故分析，直线塔受覆冰影

图 3–3　导线覆冰监测装置安装示意图

响的概率远大于耐张塔，这是由于耐张塔自身耐张绝缘子串可以承受很大张力，故基于该原理的监测装置应用效果不明显。

（3）直线塔导线覆冰厚度监测法。将拉力传感器代替直线塔悬垂绝缘子串上方的球头挂环（见图 3–3），直接测量在一个垂直档距内导线垂直荷载，同时，在拉力传感器旁安置倾角传感器用以测量绝缘子的倾斜角，最后利用导线拉力的变化值来反映导线覆冰厚度。采用称重法监测覆冰的装置还具有很好的功能扩展性，加装的双轴倾角传感器可监测杆塔所承受的垂直下压力、纵向不均衡张力、导线风偏角和杆塔倾斜度等。目前，称重法在国内外覆冰监测装置中应用广泛，本文将重点介绍此类型覆冰监测装置。

现有的基于称重法的等值覆冰厚度计算模型大都基于以下假设条件：① 覆冰呈圆柱形均匀分布在导线表面；② 导线覆冰密度取值为 $0.9g/cm^3$；③ 拉力监测装置相邻档的导线为均匀覆冰；④ 忽略绝缘子串和金具覆冰的重量。图 3–4 为主杆塔等效档距示意图，并定义主杆塔绝缘子串上的竖直方向上张力值 T_V 与两侧导线某点到主杆塔 A 点间导线上的竖直方向载荷相互平衡的点称为平衡点。由于最低点只有水平方向的张力，故由竖直方向力学平衡可知，“平衡点”就在最低点位置。若无最低点存在，则“平衡点”在导线的延长线上。通过延长导线的办法研究主杆塔两侧悬点等高的情况，则等高悬点中间就是最低点的位置。

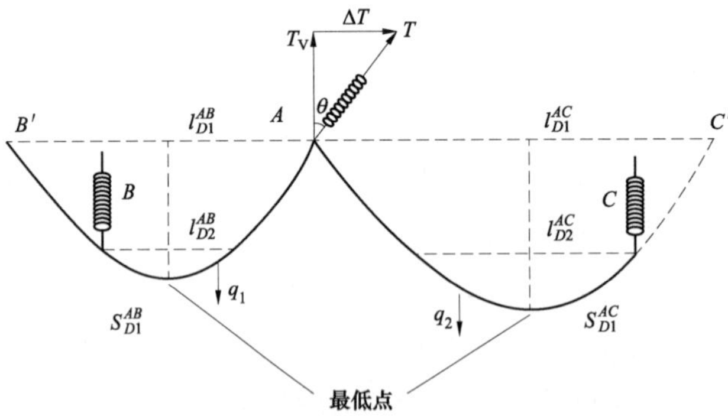

l_{D1}为主杆塔两侧对应的等效档距，在图中l_{D1}分别为 l_{D1}^{AB}，l_{D1}^{AC}
q_1，q_2为两侧覆冰导线的均布载荷

图 3–4　主杆塔等效档距示意图

根据建立的平衡点法，两侧覆冰导线的均布载荷 q_1 和 q_2 分别包含导线自重载荷和覆冰载荷，有冰载荷作用时与只有自重载荷作用时杆塔竖向载荷的差值为 ΔT_V，则

$$\frac{\pi[(D_c+2D_i)^2-D_c^2]\rho_b g S'}{4}=\Delta T_V=T\cos\theta-\rho_d g S \tag{3-4}$$

各参数含义如下：D_i 为等值覆冰厚度；T 为当前拉力值；θ 为当前悬垂串与竖直方向之间的夹角；S 为覆冰前垂直档距内线路长度；S' 为覆冰后垂直档距内线路长度；ρ_d 为导线线密度；g 为重力加速度；ρ_b 为覆冰的密度；D_c 为导线直径。

从式（3–4）推出：

$$D_i=\frac{1}{2}\sqrt{\frac{4(T\cos\theta-\rho_d g S)}{\pi g\rho_b S'}+D_c^2}-\frac{1}{2}D_c \tag{3-5}$$

由于式（3–5）所需参数较多，部分参数错误会给计算结果带来较大的误差。因此，在覆冰监测装置安装前，应要求生产厂家进行公式校验，线路运维人员可全程参与计算，确保所需参数准确无误。

3. 导线覆冰报警范围

当导线覆冰厚度超过设计冰厚后，向线路运维人员发出报警信号，同时结合微气象监测数据，为覆冰发展趋势给出预报，及时做出除冰对策，有效预防冰害事故。除此之外，有些覆冰在线监测装置还提供了综合悬挂荷载（由拉力传感器得出）以及不均衡张力差（由拉力传感器及倾角传感器得出）两个参数（见图 3–5 和表 3–2）。

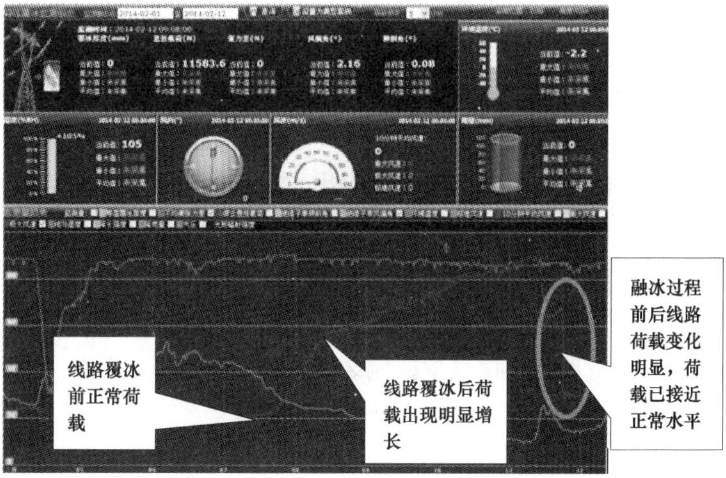

图 3–5　导线综合悬挂荷载监测曲线

注：蓝色线条代表综合悬挂荷载，黄色线条代表环境温度，浅绿色线条代表环境湿度。

表 3–2　　导线覆冰厚度报警参数与报警值汇总表

序号	报警参数	正常值	报警值
1	等值覆冰厚度/mm	0～0.2D	1.0D
2	综合悬挂载荷/kN	0～0.4T	0.5T
3	不均衡张力差/kN	＜单相导线的最大使用张力×15%	＞单相导线的最大使用张力×25%
参数说明	报警参数：等值覆冰厚度；D：设计冰厚（mm）		

（三）微气象监测装置

1. 微气象监测的意义

微气象是指邻近地面小范围地区的薄层空气的大气现象和大气动力学过程。迄今为止，这个领域的研究还局限在大气边界层，所以有时专指大气边界层内的气象学。微气象区通常可以理解为具有某种微气候、微地形特征的区域，向小的方面讲，一块田地，甚至一棵树都是一个微气象区；向大的方面讲，方圆几十公里、上百公里也可以称为一个微气象区。由于输电线路覆冰、舞动、微风振动、污闪多发生在山谷、河流、工矿区，具有较为明显的微气象、微地形特征，因此可以根据某个特定区域的微气象、微地形特征划分出输电线路覆冰、舞动、微风振动、污闪等事故的易发生地区，即覆冰区、舞动区、微风振动区、污秽区等。

随着特高压交流输电工程的建设，受城市用地紧张及全球厄尔尼诺现象影响，特高压沿线气象变化显著，小气候特点十分突出，而气象台（站）常设在城市及其附近地区，不能全面反映特高压沿线的山谷、风口、河流等特殊地形区的气象状况，导致特高压输电线路投运后存在覆冰、微风振动、污闪等事故隐患。而在世界范围内，微气象引起的输电线路断线、倒塔、金具磨损、绝缘子闪络事故时有发生，严重影响了输电线路的可靠性，造成了巨大的经济损失。

2. 微气象监测原理

微气象监测装置由微气象传感器、太阳能电池板、蓄电池和主机箱构成。其中，微气象监测装置中的风速风向传感器由原来的机械式风速风向传感器改为超声波风速风向传感器。原机械式传感器长时间工作后，轴承中的润滑油会老化，所以长时间工作后，风速测量的准确度会下降。为提高可靠性，采用了没有机械结构的超声波风速风向传感器。虽然超声波风速风向传感器也存在自身弊端，但相对于机械式传感器而言，装置自身稳定性和可靠性得到极大改善。

微气象传感器可进行风速、风向、气压、相对湿度、降水强度、光照辐射强度等相关测量，一般安装于杆塔顶端。微气象监测装置应用效果明显，且技术相对成熟，不仅可与其他类型监测装置配套使用，而且还可以单独应用。

3. 微气象报警阈值

由于微气象监测装置在导线覆冰、舞动、微风振动、污秽度监测方面均有涉及，在此主要介绍微气象在导、地线覆冰灾害方面发挥的监测预警作用。

根据运行经验，由于风速、风向传感器采用超声法测量，现场传感器被覆冰或大雪覆盖（见图 3–6），超声信号无法传播，风速、风向传感器失效，导致监测数据异常。通过对比发现，风速记录为零的时间分布与覆冰出现的时间以及覆冰强度之间具有很强的相关性（见图 3–7）。

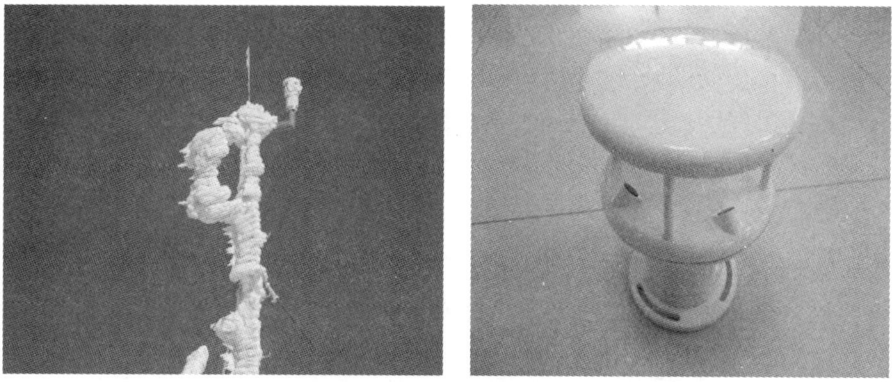

图 3–6 超声波微气象传感器覆冰前后对比图

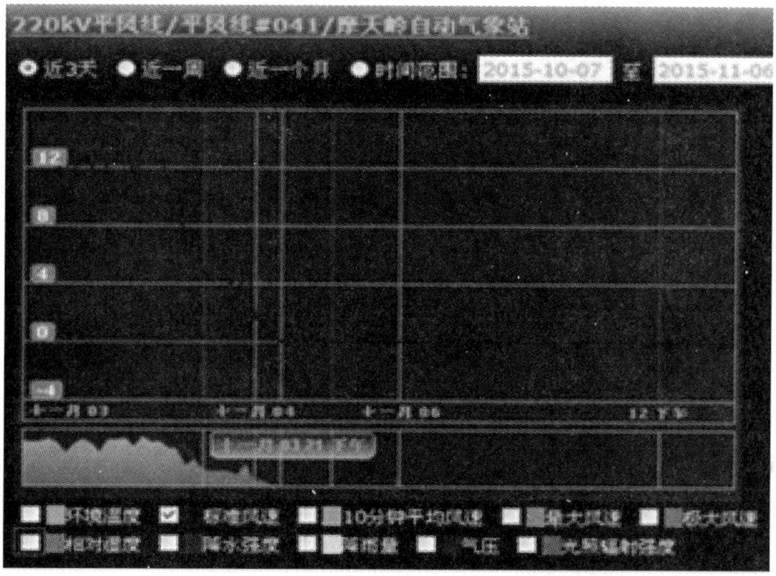

图 3–7 摩天岭自动气象站冬季覆冰监测风速

采用灰色关联度分析法可得出结论：导线温度、相对湿度、环境温度和风速与覆冰厚度的关联度均比较大，其中关联度最大的是环境温度，其次是导线温度，然后是环境湿度，而风速的关联度最小。因此，微气象在线监测用于覆冰预警主要有以下 3 点。

（1）以环境温度作为特征量分析。结合天气预报、现场气象和环境温度等相关因素，重点关注环境温度低于 0℃以下的气象站点附近线路，主要分析线路附近是否具备覆冰气候条件。

（2）以风速传感器冻结作为特征量分析。由于导线自身发热影响，架空输电线路覆冰滞后于传感器冻结时间，以传感器冻结持续时间为出发点，重点关注传感器冻结相对较久的气象站点附近线路。具体原因如下：根据模拟仿真结论，完整覆冰周期至少有 1 个覆冰稳定增加及快速减少的阶段，中间可能还有多个不稳定的增长或减少过程以及动态平衡过程。其中，稳定增长时期，覆冰质量与时间序列呈相关度很高的一次线性函数关系，且温度变化越小，相关系数越高。因此，当风速风向传感器冻结后，随后线路开始覆冰，线路覆冰时间以风速风向传感器冻结时间为参考量，当传感器冻结时间越长，则线路可能覆冰时间越长，从而覆冰程度也越严重。

（3）以环境温度为特征量分析。结合天气预报、现场气象等相关因素，重点关注已覆冰线路的环境温度处于0℃交界处的气象站点附近线路，主要分析线路融冰过程中出现脱冰跳跃情况。由于深冬季节融冰相对缓慢，多处于反复状态，对于环境温度处于0℃交界的覆冰线路能够及时人工除冰干预，可极大程度上避免脱冰跳跃故障。

（四）微风振动监测装置

1. 微风振动监测的意义

微风振动是当0.5～10m/s的稳定风速吹向输电线时，在电线背风侧产生上下交替的卡门旋涡，引起上下交变的力作用于输电线上，使输电线产生垂直振动。当导线以某频率f_0振动以后，气流将受到导线振动的控制，导线背后的旋涡表现为良好的顺序性，其频率也为f_0。当风速在一定范围内变化时，导线的振动频率和旋涡频率都维持在f_0，这种现象导致导线在垂直平面内发生谐振，形成上下有规律的波浪状往复运动，即微风振动。输电线微风振动的频率为3～150Hz。最大双振幅一般不大于输电线直径的1～2倍。振动的持续时间一般达数小时，有时可达数日。微风振动沿输电线分布着上下弯曲的振动波形，使输电线产生不同程度的动弯应力，因此会导致导、地线的疲劳断股。

虽然微风振动是导致导地线疲劳损伤的主要原因，动弯应变是表示疲劳损伤程度的一个主要参数，但是除了特殊的研究外，在现场运行条件下直接测量这个参数并不实际。理论和各种试验证实弯曲振幅与动弯应变有一个可以预计的，而且基本上是线性的关系，该关系的比例常数与振动频率、档距长短、线夹的连接方法、相邻档距的风振水平等无关。由于现场中弯曲振幅比较容易测量，因此这种方法在国内外被广泛应用。

2. 微风振动监测原理

微风振动监测装置由振动传感器、太阳能电池板、蓄电池和主机箱构成，主要用于大跨越输电线路，预防导线因受微风振动而引发疲劳断股问题。其中，振动传感器安装于导线距线夹（悬垂线夹、防振锤线夹、间隔棒线夹、阻尼线夹等）出口89mm处，用于测量导地线相对于线夹的弯曲振幅，通过该数值用以计算导地线在线夹出口处的动弯应变，从而作为测量导地线微风振动的参考标准。

由于微风振动传感器是安装于导线侧，其供电电源一般采用感应取能或纽扣电池，而传感器与主机之间通信则用小型WiFi系统。

微风振动在线监测装置安装示意图如图3–8所示。

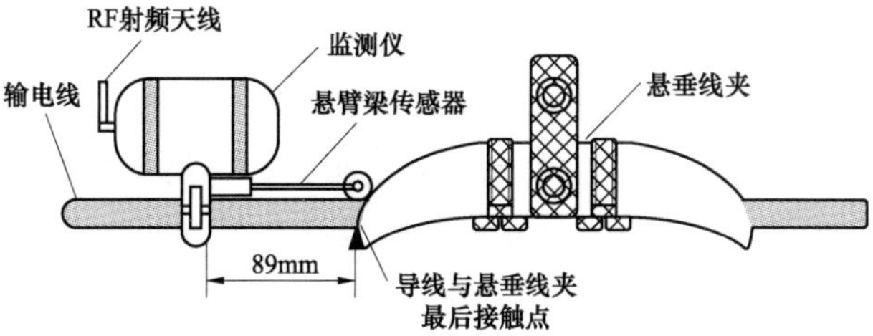

图 3–8 微风振动在线监测装置安装示意图

3. 微风振动报警阈值

微风振动报警阈值与档距、导线材料有密切关系，表 3–3 所示为大跨越微风振动报警参数与报警值汇总表。

表 3–3　大跨越微风振动报警参数与报警值汇总表

序号	导线类型	正常范围	报警值
1	钢芯铝绞线、铝包钢铝绞线	0～±75	±100
2	铝包钢绞线（导线）	0～±75	±100
3	铝包钢绞线（地线）	0～±100	±150
4	钢芯铝合金绞线	0～±100	±120
5	铝合金线	0～±100	±120
6	镀锌钢绞线	0～±150	±200
7	OPGW（全铝合金线）	0～±100	±120
8	OPGW（铝合金和铝包钢混绞）	0～±100	±120
9	OPGW（全铝包钢线）	0～±100	±150
参数说明	报警参数：动弯应变　单位：με		

（五）导线舞动监测装置

1. 导线舞动监测的意义

输电线路导线舞动是偏心覆冰导线在风激励下产生的一种低频、大振幅自激振动现象。偏心覆冰改变了导线的截面形状，从而改变了导线的空气动力特性，在一定的风激励和覆冰形状下，导线将呈现气动不稳定性并产生大幅振动。导线舞动频率通常为 0.1～3Hz，幅值为导线直径的 5～300 倍。

在舞动灾害方面，早在 20 世纪 30 年代，美国就有输电线路舞动的报道。后来加拿大、苏联、英国、日本、中国等国家和地区均发生了输电线路舞动。舞动产生的危害是多方面的，导线舞动严重时，会造成杆塔塔身摇晃，耐张塔横担顺线摆动、扭曲变形；使导线相间距离缩短或碰撞而产生闪络，烧伤导线，并引起跳闸；此外还会造成金具及部件受损，如间隔棒棒爪松动或脱落，线夹船体滑出、螺栓松动、脱落。导线舞动对杆塔、导线、金具及部件的损害，造成线路频繁跳闸与停电，对输电线路安全运行的危害十分重大，而且会造成重大的经济损失和社会影响。

2. 导线舞动监测原理

根据目前的研究，线路舞动时的特征参数主要有舞动幅值、舞动半波数和舞动频率。

（1）舞动幅值。在输电线路发生舞动的事故中，危害最常见的是因相间气隙不够造成相间闪络，因此用反映舞动范围大小的舞动幅值作为舞动的一个重要特征参数。另外，舞动时线路张力的最大值与舞动幅值正相关，舞动幅值越大，线路张力也越大。

（2）舞动半波数。输电线路舞动时，舞动半波数对线路舞动的波形影响比较大。目前观测到的常见舞动半波数主要是 4 个以下，虽然 5 个以上舞动半波数也会出现，但是通常舞动幅值较小，难以对输电线路造成较严重的危害，所以一般不考虑。图 3–9 所示为不同半波数的线路舞动形态特征示意图。在相同线路条件下，舞动半波数越小，舞动的幅值越大，即在图 3–10 中 1 个半波舞动的幅值最大，4 个半波舞动的幅值最小。舞动在线监测就是通过在线路上加装加速度传感器监测线路的加速度信号，分析得出舞动的半波数。

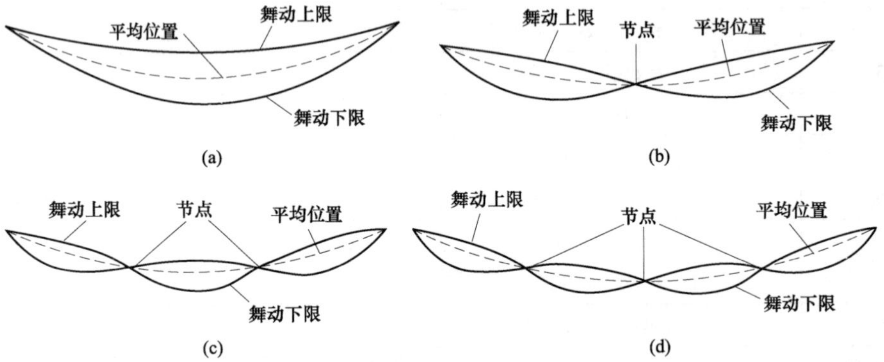

图 3–9　不同半波数的线路舞动形态特征示意图

（a）1 个半波舞动；（b）2 个半波舞动；（c）3 个半波舞动；（d）4 个半波舞动

（3）舞动频率。输电线路舞动的频率通常介于 0.1～3Hz，不同的舞动频率下，线路的张力也不相同。在实验室条件下，线路舞动频率的测量可以通过拉力传感器测得，而在实际的线路上需要通过其他测量信号分析得到，或做相应的近似计算得到。

常规输电线路舞动在线监测采用基于加速度传感器技术，如图 3–10 所示，在架空输电线路上均匀地安装一定数量的加速度传感器测量装置，测量线路舞动时加速度信号，通过合适的算法可以计算出线路舞动时的特征参数。

3. 导线舞动报警阈值

输电线路发生舞动时，最常见的危害是由于相间距离不够，造成相间闪烁、跳闸，因此在建立输电线路舞动在线监测模型的判据过程中，首先应该考虑的是舞动时线路相间距离。

图 3–11 设定相邻两相输电线路之线路 a 和线路 b，线路 a、b 发生舞动前静止状态下，线路 a 与线路 b 之间的最小距离为 D_{ab}，该电压等级的线路间安全距离为 D_s，在输电线路

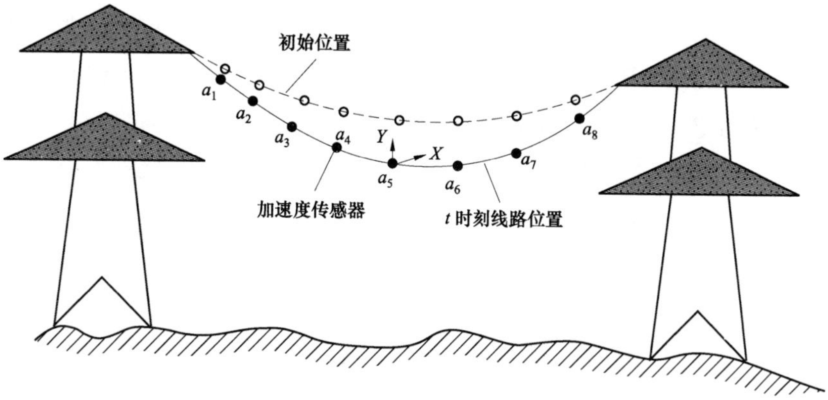

图 3-10　加速度传感器安装示意图

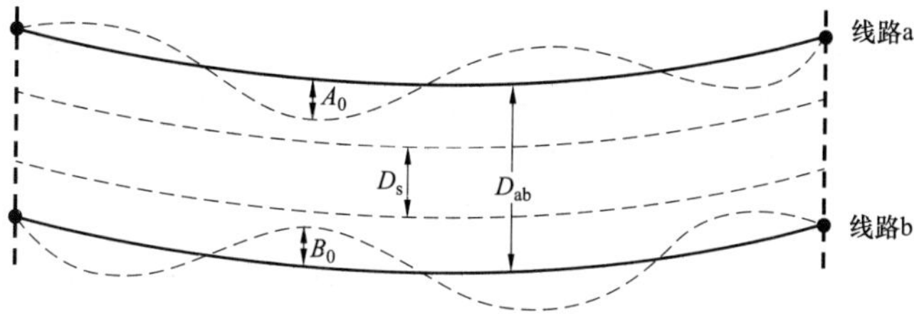

图 3-11　输电线路舞动相间间距示意图

发生舞动时，系统检测到线路 a 的舞动幅值为 A_0，线路 b 的舞动幅值则为 B_0，因相间间距不够，造成的相间闪烁的关系式为

$$D_{ab}-(A_0+B_0)<D_s$$

在实际应用中，大部分舞动监测装置并不给出报警阈值，而是利用加速度传感器测得线路各点的水平位移和垂直位移，最终拟合成舞动椭圆曲线图从而判读导线是否发生舞动现象，如图 3-12 所示。

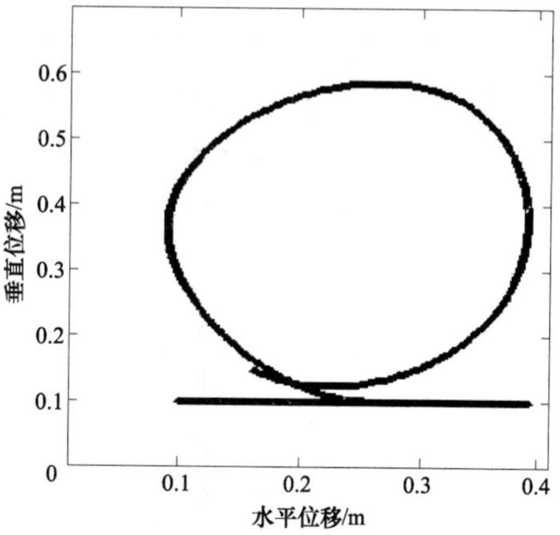

图 3-12　最终拟合轨迹曲线

（六）视频/图像监测装置

1. 视频/图像监测的意义

视频/图像监测在输电线路上主要用于外力破坏，也就是外部力量对输电线造成的破坏导致电力输送故障，而这样的外部力量可以分为自然力量和人为力量。自然造成的外力破坏主要包括雷击、冰雪灾害、飓风、森林火灾等造成杆塔倾覆、输电线路断线、输电线路损坏，这样的外力破坏具有不可预见和突发的特点。人为造成的外力破坏主要包括输电线走廊内施工，以及偷盗行为导致的输电线路破坏。

在外力破坏中的异物短路、吊车碰线、违章施工等因素是完全可控的，这些事故的发生有其独特性，近年来我国城市化建设和城乡一体化建设在不断地推进，靠近输电线路的人为活动和施工更加频繁，所以大多外力破坏发生在输电线路经过的城镇和乡村。特别是工程机械的施工和温室大棚的飘挂物等占据了外力破坏比例的一半多，根据国家电网 2008 年到 2013 年的统计数据可知人为外力破坏中停留在输电线走廊内工程机械的施工碰线所占比例达到 80%。

2. 视频/图像监测原理

视频/图像监测装置由高清摄像头（球机或枪机）、太阳能电池板、蓄电池和主机箱构成，主要用于输电杆塔线下施工等防外力破坏问题。其中，高清摄像头可监测导线绝缘子串、金具、导线自身等相关信息。

视频监测装置相对于图像监测装置而言，其通信流量成百倍增加，其费用也比较昂贵。此外，由于视频装置流媒体加密/解密程序复杂，目前，国家电网公司安全接入平台尚无法处理视频信息，即无法通过内网系统查阅输电线路视频资料。因此，对于外力破坏等可视化需求，推荐采用图像监测装置。

3. 外力破坏报警阈值

在传统的视频监控系统中，工作人员只能在监控中心查看视频图像，一旦离开这一工作区域将无法了解现场情况，带来了一定的弊端。随着输电线路实时视频监控系统规模的不断扩大，单纯依靠工作人员以人工阅读屏幕的工作模式，从海量的视频信息中及时判断有无异物入侵的状态也已经成为一项几乎不可能完成的任务。而且因工作人员无法保证 24 小时监控，图像传输质量易受网络影响等因素，无法达到事故处理和预警的实时性要求。通常是出现问题后派遣人员去现场判断线路情况后，再做预案和处理，效率低下，多数情况都是事故发生后的 2～3 个小时后，事故才得以处理，造成巨大的经济损失和恶劣的政治影响。输电线路传统在线监测技术虽然有效克服了人工巡线工作量大、反应慢、可靠性低等缺点，对线路进行实时在线监测，但是由于其不能智能化地识别异物入侵并及时报警，会造成较大的经济损失。

近年来，随着智能视频分析技术、多媒体数据库技术、光电图像分析与处理等技术的快速发展，大大促进了视频监控向着智能化方向发展，并逐步成为市场的主流。智能视频监控系统与传统视频监控系统相比，进一步拓展了对全景实时信息的获取能力，能从原始底层视频数据产生高层的语义理解，变人工分析为计算机智能主动识别，变事后分析为事中分析并产生预/报警，变事后取证为事中联合行动，现已成为监控系统中安全技术防范体系领域极其重要的组成部分。

（七）导线温升监测装置

1. 导线温升监测的意义

随着用电负荷的发展和变化，载流量、热稳定限额等条件会限制输电线路的传输容量，使传输容量大大降低，导致输电线路难以担负送电任务，从而使电力用户不能得到满意的服务，导致电网运行的经济性和可靠性严重下降。研究结果表明，在遵循现行设计规程的条件下，依据实际气象条件测得的导线安全运行时允许通过的最大载流量大于线路实际载流量，若能充分利用现有输电线路的输送能力，输电容量将增加20%～70%。

由于输电导线温度严重影响着输电线路的输电能力，故从最大化输电线路允许温度的角度出发，提出了静态增容技术。在电网运行中，为了防止由于输电线路负载的增加导致输电导线温度升高，各国规定了输电线路静态容量极值。110～500kV架空送电线路设计技术规范对输电导线允许的最高温度做出详细规定。从电网实际运行情况看，大多数时候气象条件远远好于规程中的计算条件。静态提温增容技术正是突破了规程中对导线最高允许温度的限制，将其从70°提高至80°甚至90°从而大幅增加输电容量，但是由此也带来几个问题。例如，导线允许温度不符合现行设计标准，温升对导线具有不同程度的影响，由于导线温度的升高，导线弧垂增加，减小了导线对地交叉跨越空气间隙距离，从而影响线路对地安全裕度，因此该技术局限性很大。

通过动态增容技术可以解决以上问题，动态增容技术就是在输电线路上安装在线监测装置，对导线气象条件（光照、环境温度和风速）和导线状态（张力、导线温度、弧垂等）进行监测，在不违反目前技术章程的前提下，基于相关理论基础计算出导线允许的最大载流量，将导线的隐性容量充分利用，从而使输电线路的输送容量得到进一步提高。

2. 导线测温监测原理

早在20世纪，国外有许多科研单位已经开展了对输电线路导线温度在线监测技术的系统研究。美国电气研究协会开发的一种利用实际气象设备的实时温度监测确定线路动态容量的监测系统（DTCR），它与数据采集有一定联系。动态容量的监测系统包括一个计算模块，内含美国电气研究协会开发的各种类型输电设备的热模型。该模块考虑了实际气象条件、环境参数、设备温度参数及电气负载等因素。监测设备包括导体松弛度、小型气象台、数字化数据单元、温度传感器。

同时，国内对导线温度在线监测也进行了深入研究。为了解决输电线路在线监测装置取电困难的问题，华北电力大学对导线测温装置的供能方式进行了研究，提出一种利用直接从高压输电线路上取电的方式，并给出了线圈阻数和铁芯的选择说明，同时完成了滤波、整流、保护和降压等电路设计；华东电网公司为了解决500kV电网线路输送能力受限于线路热稳定水平的问题，理论上分析了通过实时监测输电导线运行温度和环境状况来提高导线输送容量方法的可行性，根据计算出导线载流量和实验室线路温升的模拟试验结果，得出结论：一般情况下，该方法可提高线路输送容量10%～30%。

输电线路导线测温在线监测系统一般由导线温度采集单元、太阳能电池和控制箱组成。监测对象可分为四类进行动态增容、过载特性试验及大负荷区段的带电导线；容易产生热缺陷的带电导线接续部位，如耐张线夹、接续管、引流板等处；重冰区进行交直流融冰的导地线；其他有测温需求的普通和特种导线、金具。

输电线路温度在线监测系统按测温方式可分为接触式测温和非接触式测温。接触式测温，即采用合理的固定方式，将铂电阻、热敏电阻、数字温度传感器等温度传感元件与导线、金具外表面充分接触，经过传感、信号处理和无线传输等，实时获取监测点导线或金具表面温度；非接触式测温，即采用红外等温度传感元件不与导线、金具表面直接接触的测温方法，经过传感、信号处理和数据传输等，实时获取监测点导线或金具表面温度。

3. 导线温升报警阈值

导线温升报警值主要与线路设计参数和导线类型有关，表 3–4 给出导线温度报警参数与报警值汇总表。

表 3–4　　导线温度报警参数与报警值汇总表

序号	导线类型	正常范围	报警值/允许温度
1	钢芯铝绞线 ACSR	＜60（68）℃	＞70（80）℃
2	钢芯铝合金绞线 ACSR	＜60（77）℃	＞70（90）℃
3	钢芯耐热铝合金绞线 TACSR	＜128℃	＞150℃
4	钢芯高强度耐热铝合金绞线 KTACSR	＜128℃	＞150℃
5	钢芯超耐热铝合金绞线 UTACSR	＜170℃	＞200℃
6	殷钢钢芯超耐热铝合金绞线 ZTACIR	＜179℃	＞210℃
7	殷钢钢芯特耐热铝合金绞线 XTACIR	＜200℃	＞230℃
参数说明	报警参数：导线温度　单位：℃（摄氏度）		
备注	钢芯铝绞线和钢芯铝合金绞线的允许温度原标准为 70℃，现标准分别为 80℃和 90℃。对已建线路，按照原标准考虑		

（八）导线弧垂监测装置

1. 导线弧垂监测意义

输电线路弧垂是线路设计和运行的主要指标之一，能反映输电导线运行的安全状态，因此必须保证弧垂在规定的范围内。线路运行负荷、导线的温度、应力、导线上覆冰厚度以及周围风速都会造成线路弧垂的变化。弧垂过小会导致导线应力过大，这样影响导线的机械安全。增加导线的动态传输容量，导线的应力会减小，温度和弧垂都会相应地增大。但是，弧垂过大，线路离地太低，会造成导线对地放电的危险。温度过高，会影响导线的运行安全。因此，有必要对输电线路的弧垂进行实时监测。

2. 导线弧垂监测原理

当前对弧垂进行监测的方法主要有以下 3 种。

（1）通过应力或测量悬挂点倾角估算弧垂，利用倾角计算线路比载应力比比载水平应力，再利用比载应力比来计算出线路弧垂。

（2）通过导线温度估算弧垂，先测取线路的温度，然后通过线路的状态方程来计算水平应力，之后利用水平应力与弧垂之间的关系来计算出线路弧垂。

（3）通过图像直接测量弧垂，在导线上挂一个标勒，用相机摄取图像中标的坐标值来计算出线路弧垂。

3. 导线弧垂报警阈值

不同电压等级的线路导线弧垂报警阈值不同，见表 3–5。

表 3–5　　导线温度报警参数与报警值汇总表

序号	名　　称	正常范围	报警值
1	导线弧垂	0＜L＜0.8LMAX	L＞LMAX
2	对地距离	H＞1.3HMAX	H＜HMAX
参数说明	LMAX 为该档导线设计最大弧垂；L 为导线当前弧垂，HMAX 为设计最低对地距离，H 为当前导线对地距离		
备注	导线对地最小距离相关规程规定： 1. 35～110kV 等级导线与各区域最小距离为：居民区 7m，非居民区 6m，交通困难地区 5m，步行可以到达的山坡 5m，步行不能到达的山坡、峭壁和岩石 3m，与树木之间 4m，至铁路轨顶 7.5m，至高速公路路面 7m，至电车道路面 10m，至通航河流 5 年一遇洪水位 6m，至不通航河流 5 年一遇洪水位 3m，至弱电线路被跨越线 3m，至电力线路被跨越线 3m，至管道 4m，至索道 3m。 2. 154～220kV 等级导线与各区域最小距离为：居民区 7.5m，非居民区 6.5m，交通困难地区 5.5m，步行可以到达的山坡 5.5m，步行不能到达的山坡、峭壁和岩石 4m，与树木之间 4.5m，至铁路轨顶 8.5m，至高速公路路面 8m，至电车道路面 11m，至通航河流 5 年一遇洪水位 7m，至不通航河流 5 年一遇洪水位 4m，至弱电线路被跨越线 4m，至电力线路被跨越线 4m，至管道 5m，至索道 4m。 3. 330kV 等级导线与各区域最小距离为：居民区 8.5m，非居民区 7.5m，交通困难地区 6.5m，步行可以到达的山坡 6.5m，步行不能到达的山坡、峭壁和岩石 5m，与树木之间 5.5m，至铁路轨顶 9.5m，至高速公路路面 9m，至电车道路面 12m，至通航河流 5 年一遇洪水位 8m，至不通航河流 5 年一遇洪水位 5m，至弱电线路被跨越线 5m，至电力线路被跨越线 5m，至管道 6m，至索道 5m。 4. 500kV 等级导线与各区域最小距离为：居民区 14m，非居民区 11m，交通困难地区 8.5m，步行可以到达的山坡 8.5m，步行不能到达的山坡、峭壁和岩石 6.5m，与树木之间 7m，至铁路轨顶 16m，至高速公路路面 14m，至电车道路面 16m，至通航河流 5 年一遇洪水位 10m，至不通航河流 5 年一遇洪水位 6.5m，至弱电线路被跨越线 8.5m，至电力线路被跨越线 8.5m，至管道 7.5m，至索道 6.5m		

（九）风偏监测装置

1. 风偏监测的意义

风偏闪络事故的原因主要是导线和绝缘子串在强风下偏角过大，使得导线–杆塔间最小间隙距离过小。特别是在输电线路改造过程中，应注意导线悬垂绝缘子串的风偏角。导线悬垂绝缘子串的风偏角是指风作用在绝缘子串和导线上引起悬垂绝缘子串角度偏移，导线风荷载使悬垂绝缘子串产生偏斜。直线杆塔两侧的档距越大，悬垂绝缘子串偏斜也就越严重。这种偏斜必然引起带电部分的导线、悬垂线夹、均压屏蔽环、防振锤等对杆塔的接地部分塔身、横担、脚钉等的空气绝缘间隔减小。尽管风偏跳闸的发生频率不是很高，但与雷击、操作冲击跳闸相比，大多数风偏跳闸都发生在工作电压下，重合闸率低（25%左右），这将造成大面积停电事故，严重影响供电稳定性和可靠性，给电网的运行造成了较大的危害，同时也造成了重大的经济损失。此外，发生风偏跳闸时，常常伴有大风和雷雨天气，很难及时判断和查找故障点，给线路的检修带来一定难度。

因此，研究出一套输电线路风偏在线监测系统，可对悬垂绝缘子串的风偏角进行实时监测，实现风偏故障定位，为监测点所在线路设计和风偏校验提供依据通过预警，促使运行部门采取合理的风偏防范措施，如对绝缘子串加重锤，减小强风下导线风偏角等协助运行部门查找放电故障点，以此降低因放电跳闸造成的损失。通过监测中心对输电线路所经区域气象资料的观测、记录、收集，积累运行资料，对完善风偏计算方法，制定合理的风偏设计标准，提高输电线路运行的安全稳定性具有重要意义。

2. 风偏监测的原理

整个系统由监测分机、无线通信网络和监控中心构成。监测分机安装在输电线路杆塔上，通过风偏监测模块和各种传感器风速、风向、温度、湿度、大气压力、光照度、雨量等采集数据，其中风偏监测模块安装在球头挂环上，测量悬垂绝缘子串的风偏角和倾斜角，并将采集的数据通过无线射频的方式传输到监测分机。

长期以来，国内高压架空输电线路的设计中，在计算悬垂绝缘子串的风偏时，通常将绝缘子串简化为刚性直杆，或按弦多边形方法，用静力学方法计算悬垂绝缘子串在设计平均风速作用下的风偏角。而且在工程实际中，只有当悬垂绝缘子串较重且需要严格检查大风下最上端绝缘子是否碰及横担或下端带电部件对横担的间隙时才采用弦多边形方法，一般情况下都将绝缘子串简化为刚性杆近似计算悬垂绝缘子串的风偏角。计算公式为

$$\theta = \arctan\left|\frac{\dfrac{P}{2}+ng_2sl_\mathrm{h}}{\dfrac{G}{2}+ng_1sl_\mathrm{V}+w_\mathrm{j}}\right|$$

式中 θ——悬垂绝缘子的风偏角，°；

P——悬垂绝缘子串水平风压，N；

g_1——导线自重比载，N/（mm^2 • m）；

g_2——导线水平风压比载，N/（mm^2 • m）；

n——导线分裂根数；

s——导向截面，mm^2；

l_h——水平档距，m；

l_V——垂直档距，m；

w_j——重垂片重力，N。

3. 风偏报警阈值

由于绝缘子风偏故障发展迅速，单纯通过设定报警阈值难以及时制止故障的发生。对于风偏监测数据，应从实现风偏故障定位以及为监测点所在线路设计和风偏校验的角度出发，着重分析风偏故障前后风偏角的变化情况。

（十）污秽度监测装置

1. 污秽度监测的意义

绝缘子污秽度是指绝缘子表面的积污程度，它是引起闪络电压降低的主要原因。当前电力系统采用的防污闪措施主要有 5 种：采用新型材质构成的绝缘子；在绝缘子表面

涂憎水涂料或有机涂料；增加绝缘子的爬电距离；采取人工定期或不定期清扫的方法以及改变绝缘子的形状等。这些措施在一定程度上降低了污闪事故的大面积发生，然而从技术、经济、劳动力及劳动强度的角度考虑，存在着对人力、物力、财力的多重浪费，同时以上 5 种措施不能保证其有效性和可操作性，从而无法从根本上控制污闪事故的发生。因此，对输电绝缘子污秽进行实时监测成为防污闪工作的重要辅助手段。

2. 污秽度监测原理

传统污秽监测装置主要采用基于泄漏电流法和脉冲计数法的在线检测技术：由于绝缘子表面积累了导电性的污秽，同时又承受了较高的运行电压，在环境潮湿的情况下，绝缘子表面的电阻或有电导率的导电薄膜发生电离，致使电导率增加，绝缘电阻下降。而在工作电压的作用下，干燥区所分担的电压剧增，干燥区表面电阻增大，泄漏电流上升，电流的焦耳热效应使绝缘子表面局部烘干，绝缘子表面的电压分布随之变化。当电压大于击穿电压时，发生局部沿面放电，形成泄漏电流的脉冲。若环境湿度变大，绝缘子的污秽严重，就会形成湿润—烘干—击穿—湿润的循环过程，局部放电面积增加，直至发生闪络，从而导致污闪事故，在此过程中，绝缘子污秽程度大，则泄漏电流增加，脉冲个数也随之增多；若绝缘子污秽度小，则电流减小，脉冲个数随之变少。因而可以通过测量泄漏电流的大小变化及超过一定幅值的脉冲次数，结合环境湿度、温度等参数，对绝缘子污秽度进行监测。

除此之外，市场上还存在一种基于光纤传感器直接测量等值附盐密的在线监测技术。根据光场分布理论和光能损耗机理（见图 3–13），可利用光传感器测量光波导中光能的损耗来计算污秽盐密，置于大气中的低损耗石英玻璃棒就是一个以玻璃棒为芯、大气为包层的多模介质光波导。当石英玻璃棒上没有附着污秽物时，光波导的基模和高次模共同传输光能，其中绝大部分光能在光波导的芯中传输，小部分光能沿芯包界面的包层传输，光波传输过程中光的损耗很小。

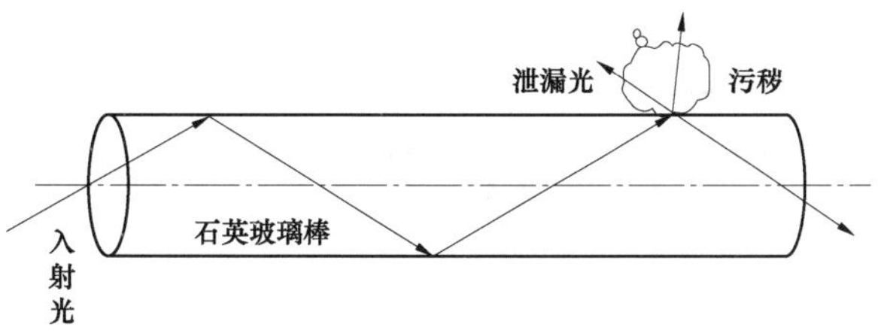

图 3–13　光能损耗机理

当石英玻璃棒上附着有污秽物时，将从两方面增大光能损耗：① 污秽物的折射率一般大于石英的折射率，会破坏高次模的全反射传输条件，产生强漏模，使光能损耗；② 污秽物对光能的吸收和散射也会造成光能损耗。

3. 污秽度报警阈值

现场污秽度报警参数汇总表见表 3–6。

表 3–6　　现场污秽度报警参数汇总表

序号	名　称	正常范围	报警值
1	盐密	依据设计设定	100%设计值
2	灰密	依据设计设定	100%设计值
参数说明	具体数值由用户依据 Q/GDW 152—2006《电力系统污区分级与外绝缘选择标准》及最新污区分布图、设计值、绝缘子形式、参数不同分别设定		

三、基于无源光传感器的输电线路在线监测新技术

电源及通信一直是阻碍输电线路在线监测发展与应用的重要瓶颈，随着光通信技术的成熟及 OPGW（光纤复合架空地线）的普及，国网武汉南瑞公司提出一种基于无源光传感器的输电线路在线监测新技术，并于 2014 年在国网山西电力公司成功应用，图 3–14 为无源传感器在杆塔上安装位置示意图，图 3–15 为 OPGW 传感通道网络结构图。

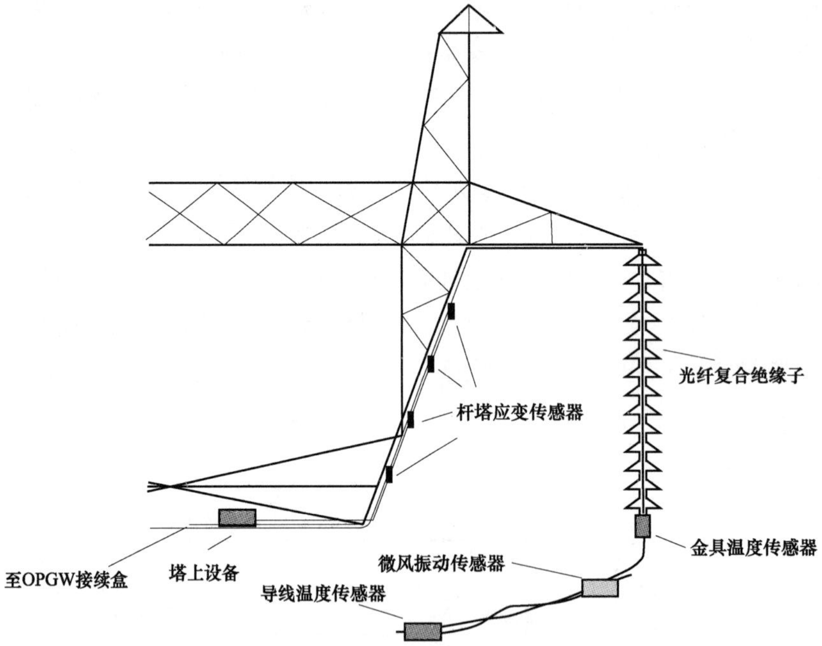

图 3–14　无源传感器在杆塔上安装位置示意图

该技术主要优势在于传感单元均是无源光传感器，塔上单元不需要供电，完全克服了传统技术在现场供电方面的不足；同时直接借用 OPGW 进行通信，节省通信资源并且不存在后期通信费用。当然，该技术的难度也在于无源传感器的研制问题，下面简单介绍两类装置仅供参考。

导线测温传感器（见图 3–16）：采取将传感器通过夹具紧贴固定导线的方式，当导线温度的变化通过传感器内光纤光栅的变化反映出来。

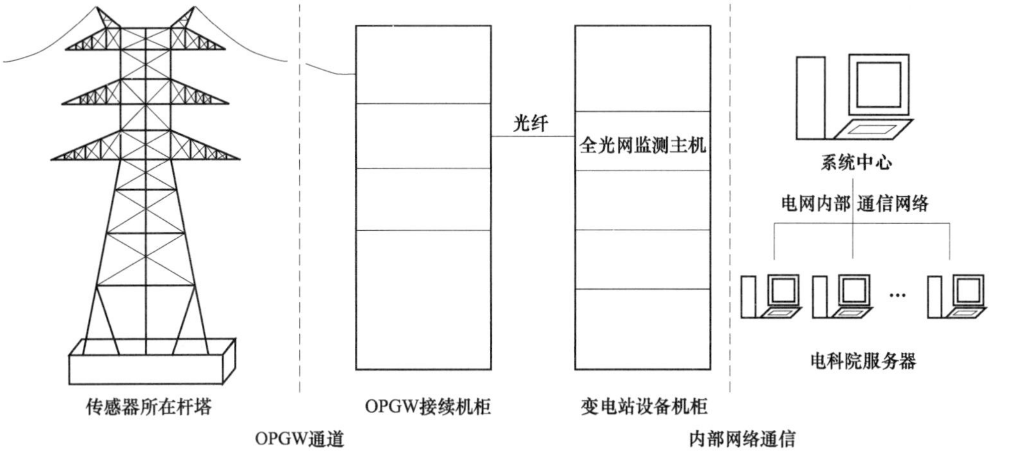

图 3–15　OPGW 传感通道网络结构图

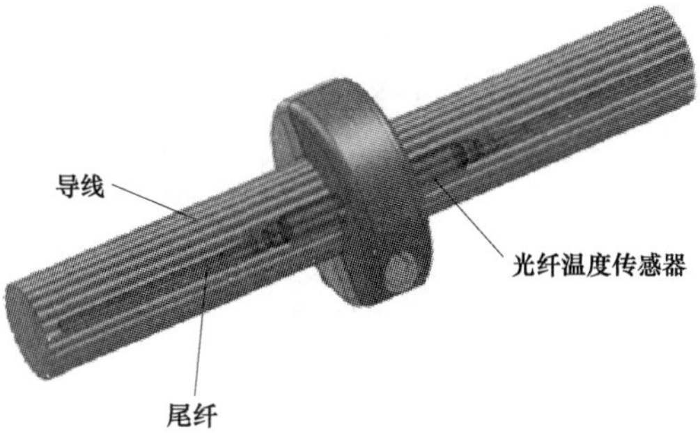

图 3–16　导线测温传感器内部示意图

倾角传感器（见图 3–17）：杆塔倾斜监测时通过平台安装在杆塔塔头及 2/3 高度处，每处 *X* 轴 *Y* 轴各安装一个，通过传感器内光纤光栅波长变化检测杆塔的倾斜角度；绝缘子风偏监测时传感器安装在绝缘子的低压端。绝缘子受外力作用产生的动作，通过传感器中的光纤光栅的波长变化来显示绝缘子摆动角度。两个垂直方向的测量量程为 ±90°。

图 3–17　倾角传感器示意图

四、无人机用途、方法、特点介绍

1. 无人机巡检的特点

传统的电力线路巡检通常是人工到位的方式，这样通常需要人员多，人员工作量大，效率又低，无人机的人机联动巡查可以达到对较长线路的大范围快速信息搜寻，同时根据搭载的可见光拍摄设备和红外热成像设备，可以拍摄电力线路及附加设备的图片信息，用来分析常见的线路上的故障隐患，这样就很大程度上加强了巡检线路的可行性和效率，是目前最先进的、科技含量最高的一种线路维护方式，同时具有极高的实用性。无人机的巡检内容见表 3–7。

表 3–7　　无人机巡检的电网故障

故障类型	故　障　内　容	检测方式
杆塔类型故障	杆塔缺失，螺栓松脱，号牌丢失，鸟巢，覆冰，倒塌	可见光
基础类故障	塔基保护帽被埋，填土下沉或丢失，保护帽被破坏	可见光
导线类故障	导线变形断股，磨损变形，电流烧伤，压接管过热	可见光，红外线
架空底线类型故障	断股，磨损，雷击，异物	可见光
绝缘子类故障	覆冰，电流烧伤，污损，芯棒外露，受潮发热，异常放电	可见光，红外线
金属类故障	各种线夹缺损，间隔棒异常	可见光，红外线
接地类故障	放电烧伤，接地线外露，螺栓丢失	可见光
拉线类故障	拉线生锈，磨损，固件丢失	可见光
通道类故障	线路走向有树木、房屋等危险因素	可见光

无人机巡检系统可以将拍摄到的红外影像传回地面监控站，既可以利用地面系统来根据红外影像特征进行自动判断，也可以提供给专业人员进行人工判断，发现并及时排除故障隐患。根据供电公司的统计分析，维修巡检工人的经济成本为平原地形 2.5 万元/百公里，普通高山林地为 5.2 万元/百公里，随着经济发展，人员的费用还在增加。同样的大型载人飞机成本约 7 万元/百公里上下，而无人机飞行巡检成本约 3.5 万元/百公里。这样一比较会发现除平原外的地形采用无人机巡检的方式更为经济外，其余采用无人机更为适合，还包含人员很难到达的区域，同时也保障了人员的人身安全。除此之外，无人机系统还具有应急性强、跨地形率高、巡检效率高、到位率高、远程专家控制等诸多优点。无人机自身优势：携带方便、操作简单、反应迅速、载荷丰富、任务用途广泛、起飞降落对环境的要求低、自主飞行等，可以归纳为以下几个方面。

（1）采用无人机的方式进行电力维护的巡线工作，很大程度上提高了检修的速度和效率，这样就让不少工作能够在设备运行中进行检测，大大提高了用电安全。据相关信息表明：无人机巡线比人工巡线效率高出 40 倍。

（2）与人工巡检线路相比，应用无人机系统对线路设备进行常规巡查，可降低劳动强度，加大了异常地形的巡查可能性，提高巡线作业人员的安全性，一定程度上降低了成本。

（3）无人机具有飞行速度快、应急反应迅速、针对性强等特点，并能及时发现缺陷，捕捉故障信息，避免了许多等到故障发生后的停电情况，挽回了高额的停电费用损失。

2. 无人机的分类

无人机巡线的关键技术在于飞控系统的精准性、检测云台或吊舱的稳定性、通信链路的稳定性及有效距离等。飞控系统一般是由各个厂家自行研制的用于飞行平台自动控制和手工控制的软件系统，存在较大差异性，而飞控系统的好坏直接决定了飞行平台的安全性与精准性。云台和吊舱是搭载检测设备的平台，起到调节镜头方向，使其能更精确地对准待测物的功能，其优劣直接决定了传回图片、视频的清晰度。通信链路是无人机与地面控制系统通信连接的通道，使无人机按照地面控制自动或人工地完成制定动作任务，其稳定性及有效距离直接决定了无人机的飞行稳定性和飞行距离。

用于寻线作业无人机按机翼可分为三大类，即固定翼无人机、无人直升机和多旋翼无人机；按动力模式可分为两类，即油动和电动。用作电力巡线的无人机均可遥控或自主飞行。各类机型优缺点如下。

（1）固定翼无人机。其特点在于续航时间长、飞行距离远，飞行速度快（一般为80～120km/h）、飞行高度高，主要携带照相机和摄像机进行巡线，目前有油动和电动两种，适用于对线路走廊、采空区、杆塔倾斜、线下树木、违章建筑、违章作业等较大尺度对象的巡视。可对杆塔进行定点照相，但拍摄的影像资料不是很细致，不能很好地了解杆塔导线本体状况。适于 5 级以下风力作业。例如，航天科工南京航天银山电气有限公司的 SF–460 机型是多用途低空低速无人机，携带摄像云台或高精度照相云台，其优势在于任务半径可达到 50km。SF–300 机型是较 SF–460 小型的固定翼机型，其任务半径在 30km 左右，其优势在于操作便捷，性价比较 SF–460 高。这两种产品均具有航线精确的优势，偏差可在 5 级风时达到 1m 左右（见图 3–18）。

图 3–18 固定翼无人机

（2）无人直升机。特点在于飞行速度较慢（一般为 15～20km/h），可以悬停于杆塔上方，以 93 号或 97 号汽油为动力，适合对杆塔进行扫描，能够获得较清晰的影像，但续航时间短，操控和维护有一定难度。适于 5 级以下风力作业。例如，山东电科院国家电网电力机器人技术实验室的 ZN-Ⅰ、Ⅱ型无人直升机，固定翼无人机。ZN-Ⅱ可以携带摄像机、高清照相机，工作半径 20km，可进行一键式起飞降落，适用于数级连续杆塔进行扫描。ZN-Ⅰ是较 ZN-Ⅱ更大的一种机型，载重量及续航能力也有所增强。固定翼无人机适用于对线路大环境进行侦察。其飞行控制系统较为精准。山东电科院国家电网电力机器人技术实验室在无人机巡线方面主要以油动直升机巡线为主，在电力巡线实际应用中已有近 200km 飞行记录（见图 3–19）。

（3）多旋翼无人机。可分为四、六、八旋翼，特点在于成本低，小巧轻便，操作简单，可代替人员登杆，目前均为电动，续航时间过短（一般为 15～30min），工作距离短，抗风能力差，一般为 3～4 级风。其中，电动优点在于稳定，对平台震动小，电动机寿命长等；缺点在于续航时间普遍较短。油动优点在于续航时间长；缺点在于对平台产生震动，发动机寿命短（100～500h），维护复杂，而且成本较高（见图 3–20）。

图 3–19　小型无人直升机

图 3–20　多旋翼无人机

模块 2　新　材　料

一、碳纤维复合芯导线

1. 碳纤维复合芯导线的结构

碳纤维复合芯导线（Aluminum Comductor Composite Core，ACCC）是最早由美国、日本等国家开发的一种新型导线，主要用于航天设备及空间站。它的芯线是由碳纤维为中心层和玻璃纤维包覆制成的单根芯棒，其外层与邻外层铝线股为梯形截面，是一种性能优越的新型导线（见图 3–21）。

碳纤维复合芯导线分为碳纤维棒芯铝绞线和耐热碳纤维棒芯铝合金绞线，如图 3–22 所示，其结构和常规钢芯铝绞线相同。

2. 碳纤维复合芯导线的技术特点

（1）强度高。一般钢丝抗拉强度 1240MPa，高强度钢丝抗拉强度 1410MPa，而碳纤维复合芯导线抗拉强度2399MPa，分别是前两者的1.9倍和1.7倍。抗拉强度的明显提高可增加杆、塔之间的跨距，降低工程成本。

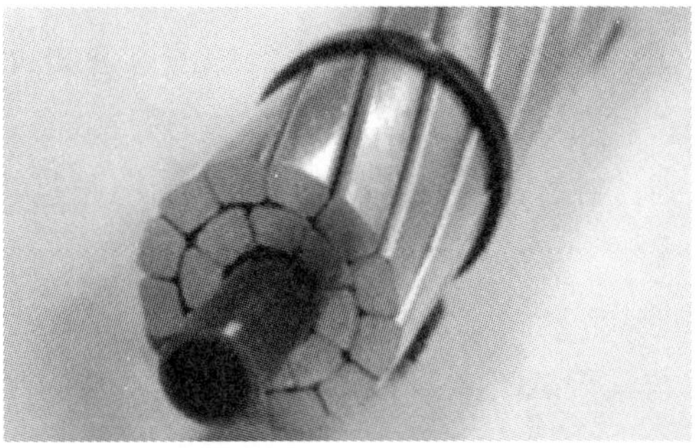
图3–21 碳纤维复合芯导线的外观

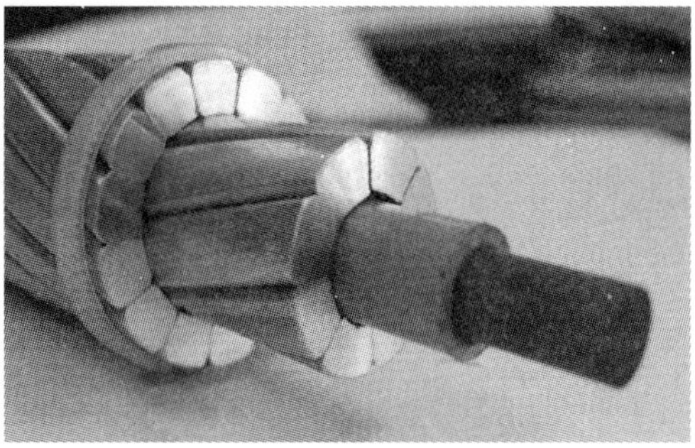
图3–22 耐热碳纤维棒芯铝合金绞线

（2）导电率高、载流量大、耐高温。碳纤维复合芯导线不存在因钢丝所引起的磁损和热效应，且在相同负荷下，具有更低的运行温度，从而减少输电损失约6%。相同直径时碳纤维复合芯导线铝截面是钢芯铝绞线的1.29倍，因此可提高载流量29%。常规导线受软化特性和弛度特性的影响，工作温度提高非常有限，提高载流量主要靠加大导线截面积来实现；而碳纤维复合芯导线的耐高温和低弛度特性，使同直径导线工作温度可以达到150～180℃，短时许容温度可达到200℃以上。ACCC导线与ACSR导线相比具有显著的低弛度特性，在高温条件下弧垂不到钢芯铝绞线的1/2，能有效减少架空线的绝缘空间走廊，提高了导线运行的安全性和可靠性。

（3）线膨胀系数小、弛度小。碳纤维复合芯导线和钢芯铝绞线相比较有显著的低弛度特性，见表3–8。

表3–8　　特征比较

导线	弛度/mm			张力/kN		
	26.1℃	183℃	变化量	26.1℃	183℃	变化量
403mm²ACSR	236	1422	1186	3566	622	–2944
517mm²ACCC/TW	198	312	114	3745	2471	–1274

从表3–8可以看出相同条件下，温度从26.1℃增加到183℃，ACSR导线弛度从236mm到1422mm，提高了5倍，而ACCC导线弛度仅从198mm增加到312mm，仅提高0.57倍。ACCC导线变化量是ACSR导线9.6%，高温下弧垂不到ACSR导线的1/10，能有效减少架空线走廊的绝缘空间，提高导线的安全性和可靠性。在相同跨距下，缩小导线长度。

（4）重量轻。常规LGJ–240/55导线重量1108kg/km（其中铝651kg/km，钢芯457kg/km）；而ACCC导线（218mm²）重量653kg/km（其中碳纤维棒芯重量仅51kg/km）。ACCC导线重量约为常规ACSR导线重量的60%～80%，这充分说明了重量轻的优点。计算结果表明，导线重量的减轻可使载荷减少约 25%，因此承载能力增加约 20%；导线重量减轻以及良好的低弛度特性可使铁塔高度降低，并使铁塔结构更趋紧凑，缩小基础根开，缩短工期，降低综合成本。

（5）耐腐蚀、使用寿命长。腐蚀是输电线路一个很大的问题，大气中的有害物质会腐蚀铝线和钢芯，两种不同金属也会产生电腐蚀，腐蚀会降低导线强度，缩短导线寿命。而 ACCC 导线线芯是碳纤维棒，具有较高的耐腐蚀性，与绿线之间不存在电腐蚀性。可较好地解决常规导线运行的腐蚀性问题。

（6）便于导线展放和施工。ACCC 导线的放线完全可以按常规 ACSR 导线的方法进行，现有的杆、塔结构不必改造。所用卡线器与常规 ACSR 导线一样。

（7）金具使用方便。耐张线夹比常规 ACSR 导线压接管略长；防震锤使用个数略有增加；其他悬垂线夹和护线条与常规 ACSR 导线一样。

导线技术特性对比见表 3–9。

表 3–9　　导线技术特性对比

导线种类		ACSR	TACSR	ZTACIR	ACCR	ACCC
芯线材料		镀锌（铝包）钢线	镀锌（铝包）钢线	镀锌（铝包）殷钢线	铝基陶瓷纤维芯	碳纤维复合芯
密度/（g/cm³）		7.8	7.8	7.1	3.3	1.9
抗拉强度/MPa		1300	1300	1080	1275	2400
弹性模量/GPa		200	200	152	216	110
允许连续使用温度/℃		≤80	≤150	≤200～210	≤210	≤180
迁移点以上膨胀系数/（$\times 10^{-6}$/℃）		11.5	11.5	3.7	6.3	1.6
导体材料		硬铝线	耐热铝合金	铝合金	铝合金	软铝线
20℃导电率/（%IACS）		61	60	60	60	63
导线载流量/A	75℃	908	906	965	992	1025
	100℃	1123	1120	1187	1221	1265
	200℃	—	1508（180℃）	1746	1798	1863

纤维和树脂材料断面的 SEM 比较照片如图 3–23～图 3–25 所示。

3. 碳纤维导线的应用情况

2005 年，美国 CTC 公司和水银电缆公司研制出碳纤维复合芯导线并实现产业化应用，整体技术水平在国际上领先。目前，已在 17 个国家 40 余条线路中开展了碳纤维复合芯导线应用，涵盖了新建和改造线路，总长度约为 2000km（导线总量约为 9000km），电压等级覆盖了 13.6～550kV（见图 3–26 和图 3–27）。

2006 年 6 月起，我国累计投运碳纤维复合芯导线线路约 3300km（导线总量约 10 000km，其中国产导线用量约 5000km），绝大部分用于 110kV、220kV 线路改造工程。

以华北万顺线（1.2km）、辽宁绥高线（1.2km）为代表的500kV线路分别于2009年、2010年投运。

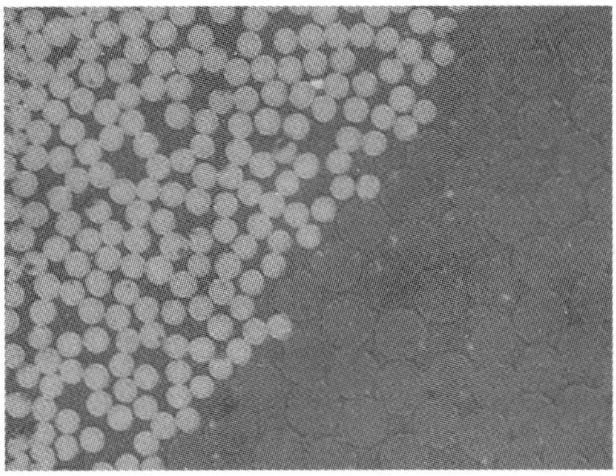

图3–23 未对纤维表面处理

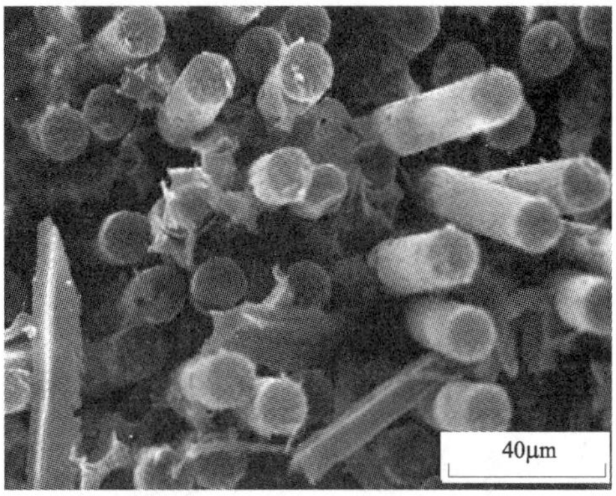

图3–24 纤维表面处理

图3–25 美国CTC的产品

图3–26 碳纤维复合芯导线施工图

图3–27 碳纤维复合芯导线挂线运行图

4. 碳纤维导线的发展前景

21世纪我国电网的发展已经进入新阶段，电网的资源配置能力、经济运行效率、安全水平、科技水平和智能化水平需要得到全面提升，加快推进碳纤维复合芯导线等新型节能导线在我国电网中的应用，可进一步实现电网的可靠、安全、经济、高效和环境友好的目标。

电网老旧线路改造、新建线路的快速推进，电网科技水平进步及产业结构升级蕴藏着巨大的市场需求潜力，针对增容改造、大跨越、接地极、短期负荷超过热稳定负荷等线路工程，碳纤维复合芯导线具有经济优势，可扩大应用。

经过多年技术攻关和经验积累，以中国电科院、国网智研院为代表的公司直属科研单位已全部掌握 ACCC 结构设计、生产制造、导线绞制、配套金具及施工工艺等关键技术，并实现国产化和工程应用，技术水平与国外相当。

在国家电网公司积极引导和市场带动下，碳纤维复合芯导线企业生产制造经验不断丰富，技术水平和生产能力明显提高，以中复碳芯、江苏远东、河北硅谷为代表的国内 ACCC 制造企业正迅速成长，产能也逐年扩大（目前产能已超过 5 万千米）。

目前，已颁布复合芯棒、导线、配套金具、施工工艺及验收导则等相关国家标准 1 项、企业标准 3 项。建立了整套评价体系，包括拉伸强度、耐热性、载流量、弧垂、腐蚀老化、过滑轮等，为碳纤维复合芯导线的推广应用奠定了基础。

二、复合材料杆塔

复合材料杆塔是一种新型输电杆塔型式，采用复合材料替代传统输电杆塔的钢材及混凝土，具有强度高、比重轻、耐腐蚀、可设计性强、线路及绝缘性好等优异的综合性能。

1. 复合材料杆塔技术特性

目前，电网输电线路建设正面临土地资源日益紧张问题，在人口密集、用地日趋紧张的发达城市，可以充分利用复合材料杆塔的电气绝缘特性，设计高绝缘等级复合材料杆塔，有效压缩输电线路走廊宽度，节约大量土地资源。

沿海及重工业污染区杆塔腐蚀严重的问题能够有所改善，在铁塔腐蚀严重的沿海、重工业及酸雨地区，利用复合材料高耐腐蚀特性，可降低环境对杆塔的局部及整体锈蚀，延长杆塔使用寿命，节约大量维护成本。

特殊地区杆塔运输和施工困难、维护成本高的问题，也能缓解。在复杂地形山区，可充分利用复合材料杆塔的轻质高强特性，设计配网用复合材料轻型化杆塔，大幅度降低杆塔的重量，节省大量人工成本和降低施工强度，大幅提高电网建设效率。

2. 目前发展的现状

（1）国外发展的情况。复合杆塔由于其优良的综合性能已经在欧美得到广泛应用，其中研究开发和应用最为成熟的是美国。美国 Ebert Composites 公司（见图 3–28）、Strongwell 公司、Shakespear 公司和 Newmark 公司等制品厂家都研制开发了复合材料杆塔，在低电压配网中得到了比较广泛的应用。加拿大的 RS 公司采用独特设计，研发出具有重量轻和安装方便特点的复合材料杆塔，荷兰 Movares 公司、意大利 Topglass Composites 公司也开展了相关设计、研发和应用工作。

220kV 复合材料格构式输电塔如图 3–29 所示。

图 3–28 Ebert Composites 公司复合电杆

图 3–29 220kV 复合材料格构式输电塔

（2）国内发展的情况。复合材料杆塔已在北京青龙湖 10kV 切改工程、山东聊城光岳站 35kV 配电送出工程（见图 3–30）、浙江舟山 110kV 兰秀输电线路工程、北京西湖 110kV 送电工程、福建平潭澳前进至北厝 110kV 线路及江苏 220kV 茅蔷线改造工程中得到成功应用。

图 3–30 聊城光岳站 35kV 配电送出工程

（3）未来发展的方向。复合材料输电杆塔技术的成功开发和应用，促进了电力行业及其相关产业的技术发展和结构优化升级，特别是电力和复合材料领域基础原材料的研发、重大技术装备的研制、生产制备工艺的优化和结构设计水平的提升。通过国内 5 个省市 6 条线路复合材料杆塔示范工程的初步验证，在线路走廊用地紧张、杆塔腐蚀严重的沿海及重工业污染区、杆塔运输及施工困难等地区，复合材料杆塔可作为现有输电杆塔的有益补充，产业规模较大。

不足之处在复合材料中也有很多，目前树脂基复合材料的电绝缘特性还不能满足 220kV 及以上输电线路的外绝缘要求。复合杆塔整体安全性评定，特别是在高电压等级电绝缘特性、微风振动抗疲劳特性方面的安全评价体系还未建立。高电压等级复合材料杆塔防雷接地方式还需要进一步研究及工程验证。材料类型设计、塔形设计、绝缘配合、节点连接设计及原有设计规程的突破还有待进一步深入研究。

未来发展的方向有很多挑战，复合材料杆塔配套的相关高电压等级的设计规程规范还需完善。在材料相关结构的设计参数选择、设计计算方法以及塔形形式设计等方面还缺乏具体规范。另外，现有试点应用的复合材料杆塔设计冗余过大，因此如何突破现有杆塔载荷变形量的限制，实现轻型化复合材料杆塔设计仍为下一步的研究重点。再有复合杆塔的造价远高于普通杆塔，需要开展复合材料杆塔低成本化的技术研究，更有利于推广应用。

第四章

架空输电线路巡视检查

模块 1 正 常 巡 视

【模块概述】本模块结合《架空输电线路运行规程》(DL/T 741—2010)，重点介绍输电线路正常巡视的主要内容及相关要求。通过本任务的学习了解线路巡视和检查的方法。

一、正常巡视目的与周期

1. 正常巡视目的

线路巡视，通常又称正常巡视，目的是为了全面掌握线路各部件的运行状况和沿线情况，及时发现设备缺陷和沿线隐患情况，为线路维修提供依据，为设备状态评估提供准确的信息资料。

2. 正常巡视的周期

《架空送电线路运行规程》（DL/T 741—2010）规定：输电线路的正常巡视周期为每月一次。

随着运行设备的不断增多，提高劳动效率的需求不断加剧，状态检修、状态维护的开展势在必行，且国家电网公司以国家电网生〔2008〕269 号文《关于印发国家电网公司设备状态检修管理规定（试行）和关于规范开展状态检修工作意见的通知》，目前已在全国广泛开展。因此，输电线路的定期巡视也应做相应调整，但这种调整需要可靠的状态评价做支撑，必须在全面掌握输电线路运行状况基础上的调整巡视周期的调整可分为两类，即延长周期和缩短周期。对于位于交通不便、人员难以到达、地质稳定且长期运行经验表明没有盗窃电力设施等外力破坏可能的地区，可适当延长周期；对于建立了完善护线组织的地区，也可适当延长巡视周期。对位于城乡接合部等易受外力破坏、风口或垭口等特殊气象、特殊污秽区域等地区，则应根据实际情况缩短巡视周期。以上所述可称为“状态巡视”，状态巡视还应结合在线监测设施的监测数据进行调整，对于在线监测设施齐全有效的线路，也可适当延长巡视周期。

二、线路正常巡视的方式

输电线路的巡视方式，主要有两种：一种是班组集中巡视，另一种是单人或双人包干巡视。班组集中巡视的流程为：将被巡视线路根据人员构成、地形地貌特征、交通状况等划分为若干巡视段，将班组成员按技术技能水平等划分为若干个巡视组，与巡视段相对应，一般为两人一组，对于地形平坦、人烟稠密的地区也可一人一组，进行某一条线或某一个区段的集体巡视。

单人或双人包干巡视流程：根据巡视人员对线路的熟悉程度及各自的技术技能水平等实际情况，将整条线路或一段线路按责任划分的形式分配到每位巡视人员，巡视人员根据巡视时间计划的安排自行到巡视点进行巡视。

正常巡视计划编制，应结合线路季节实际运行状况，并充分考虑线路的周边地质地貌、巡视人员的总体技能、技术水平、交通条件等情况制订详细的巡视计划。由输电运检室运维班长提报，生产办专工负责编制，并确保巡视计划的完整性和准确性。同时正常巡视计划经输电运检室主管生产副主任审核，主任批准，按月度生产计划形式下发到班组执行。

三、正常巡视的主要内容

1. 线路通道、沿线环境的检查

沿线环境的巡视主要是为了掌握沿线环境变化、人类活动对输电线路的影响，及时发现存在的隐患，预见到隐患的发展方向及可能出现的对输电线路构成的安全威胁（见表 4–1）。

表 4–1　　　　巡 视 对 象

巡视对象	检查线路通道环境有无以下缺陷、变化或情况
建（构）筑物	有违章建筑，建（构）筑物等树木（竹林）与导线安全距离不足等
树木（竹林）	与导线安全距离不足等
施工作业	线路下方或附近有危及线路安全的施工作业等
火灾	易燃、易爆物堆积等
交叉跨越	出现新建或改建电力、通信线路、道路、铁路、索道、管道等
防洪、排水、基础保护设施	坍塌、淤堵、破损等
自然灾害	地震、洪水、泥石流、山体滑坡等引起通道环境的变化
道路、桥梁	巡线道、桥梁损坏等
污染源	出现新的污染源或污染加重等
采动影响区	出现裂缝、坍塌等情况
其他	线路附近有人放风筝、有危及线路安全的漂浮物、线路跨越鱼塘无警示牌、采石（开矿）、射击打靶、藤蔓类植物攀附杆塔、偷盗等

2. 设备本体的检查

检查杆塔、拉线和基础有无运行情况的变化，如杆塔倾斜，横担歪扭及杆塔部件锈蚀变形、缺损、被盗等；杆塔部件固定螺栓松动，缺螺栓或螺母，螺栓丝扣长度不够，铆焊处裂纹、开焊、绑线断裂或松动；混凝土杆出现裂纹扩展、混凝土脱落、钢筋外露、脚钉缺损；拉线及部件锈蚀、松弛、断股抽筋、张力分配不均，缺螺栓、螺母等，部件丢失和被破坏等现象；杆塔及拉线的基础变异，周围土壤突起或沉陷，基础裂纹，损坏、下沉或上拔，护基沉塌或被冲刷；防洪设施坍塌或损坏等。

3. 绝缘子及金具检查

检查绝缘子、瓷横担脏污，瓷质裂纹、破碎，钢化玻璃绝缘子爆裂，绝缘子铁帽及钢脚锈蚀，钢脚弯曲；复合绝缘子伞裙破裂、烧伤；金具、均压环变形、扭曲、锈蚀等异常情况；绝缘子串、绝缘横担偏斜是否超过运行标准；金具锈蚀、变形、磨损、裂纹，开口销及弹簧销缺损或脱出，特别注意要检查金具经常活动、转动的部位和绝缘子串挂点的金具等。

4. 导地线检查。

检查导地线（包括耦合地线、屏蔽线、OPGW 通信光缆）有无运行变化，包括导地线弧垂变化、相分裂导线间距变化；导地线上扬、震动、舞动、脱冰跳跃，相分裂导线鞭击，扭绞、粘连；导线在线夹内滑动，释放线夹船体部分自挂架中脱出；跳线断股、歪扭变形，跳线与杆塔空气间隙变化，跳线间扭绞；跳线舞动、摆动过大等。

5. 接地装置巡查

检查地线、接地引下线、接地装置、连续接地线间的连接、固定以及锈蚀情况。

6. 附属设备的检查

检查相位、警告、指示及防护等标志有无缺损、丢失，线路名称、杆塔编号字迹是否清晰；各种检测装置有无缺损；防鸟设施有无损坏、变形或缺损等。

四、巡视中的危险点

1. 正常巡视中的危险点

正常巡视中跨越不明深浅河流、水域、薄冰、沼泽，通过容易造成生命危险，巡视中应尽可能绕行到安全巡视道路；偏僻山区、夜间巡视应由两人进行，夜间巡视必须配备照明工具，酷暑天和大雪天巡视必要时由两人进行。春季在高秆作物区、林区线路巡视时，要注意防火；夏季经过草丛、灌木等可能有蛇的地方，应边走边打草，防止被蛇咬伤；巡视时应注意蜂窝，不要靠近、惊扰；遇有雷电，应远离线路或暂停巡视，防止雷电伤人；经过农庄、果园、院落等，可能有狗的地方先喊话，必要时应预备棍棒，防止被狗咬伤；巡视时，不宜穿凉鞋、短裤、背心；雨雪天巡线时，应采取防滑措施；巡线时应远离深沟、悬崖；单人巡视时，禁止攀登杆塔；巡视时应遵守交通法规，不得翻越高速公路护栏；线路巡视人员发现导线断落地面或悬在空中时，应设法防止行人靠近断线地点8m以内，并迅速报告领导和调度等候处理；在线路防护区内需要砍伐树木、毛竹时，必须按《架空送电线路运行规程》（DL/T 741—2010）的相关规定做好安全技术措施。

2. 特殊区域危险点控制

特殊区域巡视工作，沼泽、茂密林区应有两人进行，并配备必要的防护工具和药品；应注意观察地面，防止猎人埋设的铁丝套、陷阱；保护区动物出没的地区，巡视应有防止动物伤害的措施，如木棒、哨子等；经过秋收地域时注意划伤、扎伤，沿庄稼地行走时必须穿着长袖工作服，防止花粉过敏；夜间巡视应沿线路外侧进行，应有足够照明工具，必要时配备夜视仪；应有良好的联络工具，配备卫星电话或对讲机；登杆塔巡视必须由专人监护，并注意保持安全距离；采空区、塌陷区、沉降区、山体滑坡区巡视应注意观察地形和地貌，经过行洪区应绕行；穿越污染、粉尘严重、污闪放电电流泄漏的地带、区域时应有防护措施；发现塔材被盗，测量长度超过2m的塔材时，应由两人进行，注意检查其他部位塔材螺栓固定情况。塔材被盗数量达到严重缺陷时，不得攀登杆塔；迅速报告上级。发现拉线装置被盗，对拉线必须采取固定措施，防止拉线与导线放电。超高线路走廊建筑物、构筑物等，防止两边的高空落物伤人；经过开山放炮区域注意观察落石伤人；不得穿越靶场等射击区域；大风天气应远离杆塔正下方，防止杆塔构件脱落伤人；导地线覆冰时，不应沿导地线正下方行走，防止脱冰伤人，导地线舞动时应远离线路；覆冰时不得攀登杆塔；夏季雷电活动剧烈严禁巡视时接打手机，巡视远离高大的树木或构筑物，不要高举金属物品指向天空，不得攀登杆塔；在高山大岭、空旷地带巡视遇有雷电活动剧烈时，应及时做好人身防雷措施撤离，禁止靠近有绝缘子污闪放电的杆塔，不得检查触摸接地极和杆塔本体。

模块2 故 障 巡 视

【模块概述】本模块通过讲述故障特性、数据分析、条件判断等内容，了解故障巡视的方法及准备工作，以便能够诊断缺陷和隐患，预防事故的发生，并确定线路检修内容。

故障巡视是指线路跳闸后，迅速找出跳闸原因，它不同于正常巡视，其目的单一，就是查找故障点及故障原因，为查找、处理故障进行的巡视。

一、故障巡视的准备工作

当线路发生跳闸或故障后，运行单位先根据电网继电保护动作情况、相关线路参数、正负累距，结合相关的在线监控装置与当时的气象条件，以往故障发生并巡查到的经验等来分析判断线路故障的可能情况并确定巡查方案。根据巡查方案制定相关的危险点预控、个人工器具配备、人员组织与分工。

（1）重合闸装置的动作情况。根据重合闸装置的动作情况确定故障性质，即为永久性故障还是瞬时故障，故障发生的可能位置等，确定是否要准备后续抢修力量。

（2）保护测距。当前采用的微机保护得到的保护测距或故障录波测距相对准确，误差一般不超过1～3km。线路跳闸后，必须先根据保护测距或故障录波测距结合线路档距分布情况初步判断故障点位置，确定巡视重点区段，一般以保护测距点位置向两侧扩展1～5km作为重点巡视区段。一般保护装置均为两端（变电站）配置，因此可能存在两端测距不一致的情况；遇到这种情况时，一定要结合两端的测距及运行经验进行综合判断，巡视重点段应将两端的测距均包含进来。如运行经验表明总是一端保护测距的误差小、另一端保护测距的误差大，也可以将误差小的一端作为主要判据。

（3）气象条件及地形地貌。一般情况下，一半以上的线路故障是由恶劣气象引发，不同的恶劣气象可能引发不同类型的线路故障；如大风可能引发线路风偏故障，雷雨可能引发线路雷击故障，持续大雾可能引发线路污闪，降雪、冻雨可能引发线路覆冰及绝缘子冰闪故障，春秋季的半夜、凌晨或傍晚容易引发鸟害故障等。地形、地貌对线路故障的影响也比较大。如位于突出山顶的杆塔容易遭受雷击，位于风口的杆塔容易发生风偏故障，海拔高的杆塔容易出现覆冰，临近污染源的线路容易出现污闪，丘陵、农田交界处且人类活动较少处容易发生鸟害等。因此，线路跳闸后，需根据线路所处地区的气象条件及地形地貌对线路故障类型做出初步判断，有重点地进行巡视。

（4）在线监测系统。随着科技水平的不断提高及状态检修的不断发展，线路在线监测系统的种类不断增多，功能不断完善，应用越来越广。线路在线监测系统主要的种类有气象监测、雷电定位监测、覆冰监测、防盗报警、视频监测、污秽（脉冲泄漏电流）监测、杆塔倾斜监测、导线温度监测等十几种。这些在线监测系统可以提供实时的线路现场运行数据及环境变化数据，根据这些数据可以对线路故障类型、故障点做出更准确的判断。如根据雷电电位系统可以找出线路跳闸当时线路附近所有的落雷情况，并根据雷电对线路的相对距离和雷电流幅值大小判断出可能引发线路故障杆塔是反击雷还是绕击雷；根据线路覆冰在线监测装置可以判断出线路覆冰的厚度及重量；根据污秽在线监测装置检测到的泄漏电流脉冲频率值和脉冲电流量值可判断出绝缘子的积污程度；根据杆塔倾斜在线监测装置可以判断出杆塔倾斜的角度、塔头偏移的距离等。

（5）线路缺陷隐患。有的线路故障是由于线路缺陷和隐患的发展而引发的，如金具磨损、绝缘子积污、杆塔构件被盗、线路附近施工作业等，因此及时掌握线路的缺陷、隐患能避免一部分线路故障。这些缺陷、隐患均有一个发展的过程，有的可能已得到处理，有的受停电限制、处理周期等大原因未能及时消除，因此线路跳闸后要及时了解线路所存在的缺陷和隐患，判断线路故障是否由这些缺陷和隐患引发。

（6）确定巡查方案。当线路发生故障时，应根据线路故障信息、当时的气象条件、故障巡查的时间确定故障巡查方案，是进行地面巡查还是登杆塔检查；因为不同的巡查方案有不同的要求，如人员配备、工器具的携带、工作票或任务单的签发等均有所区别。

二、准备必要的工具材料

不但要求找到故障点和故障原因，而且要全面真实地记录故障现象、测量相关数据，为分析故障和采取防范措施提供数据和依据。因此，故障巡视要携带一些记录故障现象、测量数据的工具，如用照相机或摄像机记录故障现场、故障杆塔、故障点地形地貌、放电点、闪络绝缘子等；用 GPS 定位仪测量故障的坐标、海拔；用接地电阻测试仪测量故障杆塔的接地电阻。对于重合复跳的故障，为减少停电时间，迅速恢复送电，应根据对故障类型的初步判断，分析引起故障的原因及可能出现的后果，提前准备好必要的抢修工具和材料。如判断可能发生绝缘子闪络时，应准备好更换绝缘子所需的链条滑车、双钩紧线器、连接金具、新绝缘子等工具材料；如判断可能出现导线损伤或断线时，应准备好新导线、卡线器、绞磨、预绞丝、铝包带、压接工具、接续管等工具材料。

模块3 特 殊 巡 视

【模块概述】特殊巡视是在季节性气候剧烈变化、自然灾害、外力影响、异常运行和其他特殊情况时，为及时发现线路的异常现象及部件的变形损坏情况而进行的巡视。特殊巡视应根据需要及时进行，一般巡视全线、某线段或某部件，并根据不同情况进行有重点的巡查。

1. 特殊巡视的准备工作

（1）根据季节性特征、外力影响、异常运行和其他特殊情况，制订单独的特殊巡查方案。

（2）根据巡查方案合理组织人员及巡查范围，并配备适合恶劣天气行驶的车辆。

（3）配备必要的个人安全用具及观测设备，如望远镜、照相机、测高仪等。

（4）签发工作任务单，制定巡视作业指导书。

2. 准备必要的工具材料

在特殊气象条件、危险点控制、外力、特殊运行等情况时，为了全面真实地记录设备运行情况，为分析缺陷、隐患、异常和采取防范措施提供数据和依据，照相机或摄像机是必备携带工具。而对于不同的巡查方案，针对巡查重点不同其携带的工具也有所不同，如特殊运行方式时主要携带测高仪与红外测温仪，树木速长期巡视主要携带激光测高仪等。

3. 安全注意事项

随着社会及城乡规划的不断发展，输电线路的走廊受到很大制约，杆塔高度不断增加，许多故障现象通过地面巡视已很难发现；随着现代电网的不断升级，电力系统的自动化水平不断提高，切除故障的时间越来越短，故障点也越来越不明显。因此现在多数故障，特别是超高压输电线路的故障点必须采用登塔检查才能被找到；为此，线路跳闸后要考虑到登塔巡视。巡视人员要携带安全带等登高工具，如 220kV 线路登杆检查易穿导电鞋、330kV 及以上线路登杆检查应穿导电鞋和防止感应电的静电屏蔽服或均压服。故障巡视时不宜采用单人巡视，至少要两人一组巡视，不仅是保证人身安全的需要，也是准确判定故障点和故障原因的需要。无论何种巡视时，巡线应沿线路外角侧进行，以免导线落地伤人，同时巡视小组负责人应根据现场实际情况，补充必要的危险点分析和预控内容。

输电线路传输距离远，分布范围广，维护半径大，仅靠运行维护人员很难及时发现线路的突发性缺陷及隐患，因此许多供电企业都建立了护线组织，聘用线路沿线的居民参与巡线护线工作。这些护线人员紧邻线路，对线路周边环境、气候的变化以及线路缺陷的掌握非常及时，因此线路出现跳闸后，或需进行特殊巡视时，应及时与这些护线人员取得联系，以了解现场情况和线路周边的环境变化，对故障点的查找、故障类型的判断及第一手信息资料的掌握有很大帮助。如输电线路短路跳闸时，短路电流可达几千安到几十千安，产生强烈的光和热（电弧温度可达 10 000℃以上），使周围的空气急剧膨胀震动，发出巨大的响声，离线路故障点较近的居民都可能听到这种响声。因此在故障巡视时，即使没有建立护线组织，巡线人员应向沿线居民或农户询问是否听到巨大响声和看到什么现象等，以便帮助巡线人员快速找到故障点。

4. 特殊巡视的分类

（1）夜间巡视。夜间巡视主要是为了弥补白天巡视过程中，难以观察到的设备缺陷和异常情况，一般以线路设备的节点“热”缺陷及部件异常的火花放电、绝缘子放电、导线电晕等为重点的巡查。

1）夜间巡视的准备工作。在污闪故障频发期、高温季节线路输送额定负荷达到 60% 以上时，在没有月光的时间组织人员进行夜巡工作。

① 根据巡视计划，组织熟悉线路路径、熟悉设备运行状况的作业人员及驾驶员，并根据巡视范围、巡视区域的地理环境合理配备工作人员。

② 配备必要的个人安全用具及观测设备，如红外热像仪、温度计、照相机、照明设备等。

③ 签发工作任务单、制定巡视作业指导书。

2）夜间巡视检查要点。主要检查导线跳线连接金具有无发热现象、绝缘地线放电间隙有无放电火花、绝缘子表面是否有电晕或脏污火花放电等异常现象。对于放电火花或弧光主要靠人的眼睛来观察，而设备的“热”缺陷主要靠红外测温仪，电晕现象靠紫外成像仪来进行识别和分析，同时夜巡必须有照明设备方可进行，因此上述仪器和设备是夜巡的必备工具。

（2）交叉巡视。交叉巡视是指针对巡视故障或某一区域，巡视存在的共性问题，进行的专责人或专责段之间的巡视。一般由运检室领导或公司线路专工组织。

（3）诊断性巡视。诊断性巡视是针对某一缺陷、隐患或设备运行的工况，对元部件进行的巡视诊断，一般诊断性巡视由班长或专工组织实施。

（4）监察巡视。监察巡视一般由运检室领导或公司线路工程技术人员组织进行，了解本体和通道情况，发现问题提出对策，同时又可检查巡视人员质量，一般通过现场和GPS定位或巡检系统后台实施。

（5）登杆塔巡视。登杆塔巡视是地面正常巡视的补充，针对地面由于受角度或地形影响不易发现的缺陷进行诊断，如绝缘子闪络有无痕迹到地线紧固件有无振动，接点有无发热、变色。

（6）保电巡视。保电巡视是针对电网线路运行、接线方式，重大政治、节日活动，对线路增加巡视人员、次数，对重点线路进行的巡视。

（7）状态巡视。状态巡视是根据线路的实际运行状况和运行经验动态确定线路（段、点）巡视周期的巡视。

（8）特殊运行方式巡视。当电网运行方式发生改变时，必然会出现负荷流向、负荷分配的变化，也就意味着有的输电线路所传输的负荷将出现变化。负荷变小对线路没有影响，而负荷变大则会对线路产生不利影响。当负荷增长较大时，对线路的影响主要表现在接头过热、导线弛度增大、对地距离变小等。当导线接头连接不良时可能发生接头烧断的事故；当导线弛度较大时可能发生对地短路；当线路过负荷时可能导致导线出现永久变形。因此在改变运行方式前，及时与调度取得联系，针对电网预警情况的变化，要及时对线路进行特巡，重点检查导线接头的连接情况和交叉跨越距离；在改变运行方式过程中要及时测量导线的接头温度变化和交叉跨越距离变化，防止发生断线和交叉跨越短路。

（9）特殊区域巡视。

1）重污区。重污区重点注意绝缘子积污情况和污源变化情况两个方面。绝缘子污秽主要通过外观检查及污秽度测量，及时掌握积污情况，为采取防污闪措施提供依据。污源变化直接影响到污区等级的变化，因此要及时掌握污源变化情况，特别是在工业园区、开发区等易出现新厂矿的地区，不仅要掌握污源分布，还应调查清楚污源性质，如主要排放物的成分、酸碱度、污液中存有的各类导电离子等；不仅要考虑其对绝缘子积污的影响，而且要考虑其对杆塔、导地线、绝缘子等的腐蚀影响。对于水泥厂、石灰场等粉尘类厂矿需注意其产生的粉尘对绝缘子表面的影响，重点检查绝缘子表面有无异物凝结情况；对于化工厂及制药厂，重点检查其对杆塔构件、导地线及复合绝缘子的腐蚀影响及异物凝结情况；对于金属类制品厂（如金属镁厂、电解铝厂、铸造厂等），主要检查绝缘子表面的金属堆积情况；对于盐类厂矿重点注意盐密变化情况。

2）多雷区。线路发生雷击闪络时，低零值瓷绝缘子的存在可能造成导线或架空地线的掉线，扩大线路事故。因此雷击区除重点检查架空地线、接地引下线、接地网、线路型避雷器、消雷器等防雷设施外，还应按周期检测瓷绝缘子（包括架空地线绝缘子）。

接地引下线的连接不良和接地电阻过高会直接导致线路的耐雷水平下降，因此是防雷设施检查的重点。安装有线路型避雷器时，还需定期对计数器数据进行记录，一方面检验线路型避雷器的动作情况，检验其安装的必要性；另一方面掌握雷电活动情况，为今后新建线路设计提供指导。

3）鸟类活动区。通过对鸟类活动区的巡视，掌握本地区主要鸟类的分布情况、鸟类巢窝叼筑、季节性筑巢、季节性迁徙、鸟类生存栖息及其活动规律，为针对性防鸟措施提供指导。对于鸟粪和鸟巢材料引起的闪络，除了开展防鸟害特巡之外还应深入掌握鸟类习性。防鸟措施种类较多，主要有防鸟刺、防鸟风车、天敌仿真模型、声光惊鸟装置、超声波防鸟装置、防鸟隔板等，各类防鸟设施的有效性也需通过巡视与经验的积累来确认。

4）外力破坏区。根据外力破坏的类型，易受外力破坏区又分为易盗区、易碰线区、山火易发区、异物区、流动机械作业区等。易盗区是指经常发生电力设施或其他设施被盗情况的区域，对易盗区，需重点检查防盗设施的有效性。易碰线区是指施工作业频繁，常有起重机、混凝土泵车等大型机械活动的区域，对易碰线区重点巡视线路周围环境的变化，施工作业范围、方向的变化。山火易发区是指森林、灌木茂密，经常发生火灾的区域，对山火易发区重点检查导线近地点植物生长情况，杆塔周围易燃物的堆积情况等，并及时清理。异物区主要指砖厂、塑料大棚、垃圾场等易出现漂浮物的地区，对异物区主要检查易漂浮物的固定情况，防止大风将异物挂在导地线上，对线路周围无人管理的垃圾场要及时清理或掩埋易漂浮物。流动机械作业区主要是临行性非固定的大型机械作业，春季大型吊车树木吊栽，新建道路大型管线开挖作业，新建区域建筑材料装卸等都易引起流动机械作业触碰导线。对易受外力破坏区，除加强巡视外，还应积极发展群众护线员，装设警示警告标志，向沿线居民宣传《电力法》《电力设施保护条例》等法律法规，增强沿线居民的电力设施保护意识，起到群防群治的效果。

5）树木区。树木区主要指线路通过的林区、苗圃、果园、防护林带等区域。对树木区，重点注意树木与导线之间的距离变化，在确定导线与树木之间安全距离时，要考虑导线可能出现的最大弧垂，在最大风偏情况下，分析季节性树木纤维含水量和空气湿度因素影响，导线与树木之间的垂直距离应符合表 4–2 的规定。

表 4–2　　导线与树木之间的垂直距离

标称电压/kV	110	220	330	500	750
垂直距离/m	4.0	4.5	5.5	7.0	8.5

巡视人员还需要掌握本区域内主要树种的最终自然生长高度和生长速度，北方注意速生杨、速生法桐等高大阔叶林季节性生长规律，南方要特别注意春季毛竹的生长，以便及时采取防范措施。树木的自然生长高度与气候、环境等诸多因素有关，但一般情况下主要树种的最终自然生长高度和生长速度有表 4–3 所示的要求。

表 4–3　　主要树种的最终自然生长高度和生长速度

树种	柳树	油松	杉木	落叶松	桦树 山杨	毛竹	苹果 梨树	枣、 核桃、 柿子树	其他 树种	速生 法桐	速生杨
高度/m	30	15	25	25	20	25	8	15	12	30	30
生长速度/（m/y）	1.5	0.5	1	0.5	0.8	1/天	0.4	0.5	0.5	2.5	3

6）微气象区。微气象区主要包括强风区和重冰区（大型湖库区、垂直地带变化区，是微气象变化的典型区，受季节性影响，容易引起局部地区气象变化，舞动风速范围一般为 4～20m/s，且当主导风向与导线走向夹角＞45° 时，导线易产生舞动，且该夹角越接近 90° 时舞动的可能性越大。因此，在四周无屏蔽物的开阔地带或山谷风口，能使均匀的风持续吹向导线，这些地区易发生舞动，造成线路覆冰或舞动）。强风区是指山顶、风口和深沟等易产生比同一区域风速更大的局部地区，最突出的是两条交叉山脉所形成的喇叭状山谷，风沿着谷口向谷地运动，易形成气象学上所指的狭管效应，风力不断加强。北方某地山区线路多次发生大风倒塔事故，其地形地貌均符合狭管效应。强风区线路应重点检查杆塔螺栓的紧固情况及杆塔构件完整情况，杆塔螺栓松动、杆塔构件丢失直接影响到杆塔强度，在巨大风力的作用下更容易发生倒塔事故。对强风区的线路杆塔，在线路设计审查或验收时，还应适当提高验算风速（至少提高 10%），校核其摇摆角能否满足要求，不满足时应提前采取防风偏措施。重冰区（湖库分布区、垂直地带变化区）是指覆冰厚度超过 20mm 的区域。导地线覆冰对输电线路的影响非常大，轻则导致导地线短路，重则发生倒塔断线事故。重冰区（湖库分布区、垂直地带变化区）巡视应重点检查杆塔螺栓的紧固情况及杆塔构件完整情况，防止杆塔强度下降；及时掌握气候变化，预见可能出现的覆冰后果；收集覆冰数据，为今后的设计、运行积累经验；观察绝缘子覆冰、融冰现象，防止发生绝缘子融冰闪络。检查主要是对易覆冰（湖库分布区、垂直地带变化区）区域气候变化情况和该区域线路抗覆冰能力的检查。巡视要点：塔材有无丢失、螺栓是否松动、金具是否损坏；绝缘子上覆冰有无引起短路闪烙的危险；覆冰的导地线有无可能混线、断线；线路加装的防冰、隔冰装置是否有效；同时要观察风力大小、积雪厚度和覆冰类型。

7）洪水冲刷区。主要是对处在山谷口、山哑、河道旁和水库下游区域线路杆塔的巡视。巡视人员应检查基础回填土是否牢固充足；山区丘陵地段的暗水道有无侵蚀塔基的隐患；基础护坡是否坚固、山腰杆塔有无防洪措施；河水有无改道冲刷杆塔的可能；受洪雨浸泡的杆塔基础有无滑坡塌方的危险；河堤、水库出险是否会危及线路。

8）采空区。采空区是指地下矿产被开采以后形成的空洞区域。多数采空区在矿产被开采以后就会立即出现塌陷，引发地表下沉、位移，也有个别采空区短期不会出现塌陷，在地下水位发生变化或出现地震等灾害时才会塌陷。随着社会能源需求的不断增长，矿产开发规模不断扩大，采空区对输电线路的影响越来越大。采空区对输电线路杆塔的影响主要是基础的不均匀沉降和滑坡。采空区巡视除了检查基础下沉、根开变化、杆塔倾斜、杆塔位移等设备本体缺陷外，还应掌握采空区的开采厚度、采厚比、开采速度、开采方向等各种参数，依此作为评估采空区对线路杆塔的影响程度及采取防范措施的依据。

（10）季节性巡视。

1）季节性特巡。我国地大物博，面积大，各种气候情况均有，具有大陆性季风气候显著和气候复杂多样两大特征。四季的划分，天文学上以春分（3 月 1 日前后）、夏至（6 月 22 日前后）、秋分（9 月 23 日前后）、冬至（12 月 21 日前后）分别作为四季的开始。冬季盛行偏北风，夏季盛行偏南风，四季分明，雨热同季。每年 9 月到次年 4 月间，干寒的冬季风从西伯利亚和蒙古高原吹来，由北向南势力逐渐减弱，形成寒冷干燥、南北温差很大的状况。夏季风影响时间较短，每年的 4～9 月，暖湿气流从海洋上吹来，形成普遍高温多雨、南北温差很小的状况。

2）春季。春季的气候特征主要有多风、干燥、气候变化剧烈、雨量偏少等特点。

① 多风使导线承受较长时间的风荷载，风力、风向的频繁变化使连接金具，特别是悬垂绝缘子串的连接金具长期受到磨损；导线的长时间摆动使杆塔的横向荷载不断变化，还容易导致杆塔螺栓的松动；当风力较大、温度较低时，导线张力增大，弧垂减小，还容易发生风偏跳闸。因此春季应注意检查金具的磨损情况、杆塔螺栓的紧固情况，同时大风天气也是现场观察杆塔摇摆角是否合适的最佳时间。

② 干燥的气象容易导致发生山火甚至森林火灾，因此应及时检查、清理杆塔周围的秸秆、垃圾等易燃物，防止发生火灾后引发倒杆塔事故。有火情在线监测系统的，应密切注意线路周围的火情变化，及时采取防范措施，防止发生山火短路。

③ 北方的初春气候变化剧烈，有时会出现持续大雾，需及时检查绝缘子积污情况，防止发生大面积污闪；有时会出现雨夹雪的恶劣气象，需注意监测导地线及绝缘子覆冰情况。

④ 春季的气温逐步回暖，降雨偏少，是一年当中最好的施工季节和植树季节，也是树木的速长期。施工建房、植树大量使用现代化施工高大机械，在线路附近作业时，极易引发外力破坏事故。因此春季巡视，特别是通过城镇、园区、公路等地段的线路，及时发现和掌握线路走廊防护区的施工隐患。注意线路防护区的树木、毛竹生长及植树情况，防止有危及线路安全运行的树竹和种植高大树木，将来影响到线路的安全运行。

3）夏季。夏季气候有雷雨多、短时大风频繁、温度高、雨水及台风多、施工建筑频繁等特点。

① 输电线路的雷击跳闸主要集中在夏季，架空地线和接地网是防止雷击的主要措施，夏季需特别注意接地连接的检查，防止出现连接断开，引发雷击故障；同时需及时检查线路型避雷器、消雷器等的工作状况，使其保持在良好状态。

② 夏季空气对流强烈，常出现短时雷雨大风，容易引发线路风偏故障，需注意微气象区及摇摆角偏小的杆塔检查。树木快速生长，导线与树木之间的距离缩小，在大风条

件下易发生对树风偏，需及时测量树线距离及修剪树木。同时沿海及靠近沿海区域的台风较多，在线路特巡时需注意线路通道区域内农作大棚的固定或作必要的拆除，并及时与大棚户主联系并告知相关的安全注意事项。

③ 南方夏季的梅雨季节里降雨偏多是洪涝泛滥的多发时期，容易出现山体滑坡、河流变道、临近河流杆塔防洪堤受冲刷等；北方部分杆塔位于湿陷性黄土中，当基础底面以下的土质受水浸泡后，承载力下降，易引起杆塔基础下沉、杆塔倾斜的现象；位于山区的线路一般都存在边坡问题，持续降雨会造成边坡的不稳定，引发塌方甚至泥石流、滑坡，造成杆塔被埋、倾倒等事故；因此应注意基础回填土、内外边坡、防洪设施的检查。

④ 夏季是用电高峰，线路负荷增加，气温高、导线负荷大，造成导线弛度出现增大，需及时检查、测量交叉跨越距离，防止发生交叉跨越短路；容易造成跳线引流板、并沟线夹节点因输送大负荷而致热烧坏，应根据线路的实际运行负荷情况，开展接点红外测温工作。

⑤ 春夏季也是鸟类的繁殖期和候鸟的迁徒期，在此过程中往往会因鸟类筑巢而造成筑巢材料、鸟粪短路引起线路跳闸故障，因此要做好线路防鸟害的特巡工作。

4）秋季。秋季气候主要有少雨干燥、鸟类活动多的特点。

① 南方秋季多发生强对流天气，雷害事故经常发生，雷害故障巡视内容如上。

② 秋季气候干燥，森林低矮植被已大致枯萎，树木较为干燥易引起火灾，故在线路特巡时应注意森林防火，特别是档距较大的线路段，对于档距中间的树木应重点控制，并及时检查、清理杆塔周围的杂草、垃圾等易燃物，防止发生火灾后引发倒杆塔事故。

③ 候鸟的幼鸟经过一个夏季也基本成熟，鸟类数量出现阶段性增多，多数是候鸟迁徙引发的鸟害故障，这也是秋季鸟粪闪络偏多的一个原因，因此秋季需及时检查防鸟设施，防止鸟粪闪络故障频发。

5）冬季。冬季的气候主要有低温、多雾、多雪、积污周期长等特点。

① 多雾、积污周期长的特点会导致污闪，因此需及时检查、监测绝缘子的污秽变化及污源变化，采取防污闪措施。

② 低温、多雪以及冻雨会导致线路导地线及绝缘子覆冰，容易发生绝缘子串冰闪、舞动、倒塔、断线等事故，需及时检查防冰设施；对于混凝土电杆，需及时检查排水设施，防止冻涨。

③ 根据近几年的统计结果看，冬季易发生塔材、拉线被盗现象，严重时会引起杆塔倾倒，因此防盗设施也是冬季的重点检查对象。

模块 4 直升机巡视

直升机巡视是指采用直升机智能巡线，提高线路巡视质量和效率，降低维护人员作业风险和工作强度，改善电力巡线工作环境，提升输电线路运行维护水平的巡视。

一、直升机巡视的特点

随着科技的不断进步，电力系统装备水平越来越高，利用直升机巡视线路已越来越普遍（见图 4–1）。

图 4–1　直升机巡线

直升机巡线最早开始于 20 世纪西方发达国家，我国在 20 世纪 80 年代，华北、河南、湖北都进行过直升机巡线的试飞，由于当时技术条件和经济实力的限制，试飞后都停顿了下来。20 世纪末，我国经济高速发展，超高压大容量输电线路越建越多，线路走廊穿越的地理环境更加复杂，如经过大面积的水库、湖泊和崇山峻岭，给线路维护带来很多困难。因此，2000 年以后，华北地区再次研究引进直升机巡线，主要用于巡视 500kV 输电线路。我国的直升机巡视虽然起步较晚，但发展迅速，目前全国各地基本都开展了输电线路直升机巡视作业。直升机巡视具有巡视速度快、视角广、巡视半径大、装备先进等优点，其特点如下。

（1）检测全面。检测范围广，效果好。直升机巡线可以携带大量的检测设备，如 CEV 电子巡线系统、高速可见光摄像机、高稳定望远镜、红外热像仪、紫外线电晕、导线损伤探测仪、激光测距仪和激光三维空间扫描仪等。能判断线路通道、铁塔、金具、导地线、绝缘子等缺陷，也能进行接点过热、异常电晕、导地线内部损伤、绝缘距离等测量和零劣质绝缘子判断。与人工巡视相比，可以更加详细、准确、全面地反映电网设备的健康水平，为电网的安全稳定运行提供强有力的保障。由于直升机居高临下，不受地面物体的遮拦，又可全方位移动，加之配备有高清晰度摄像机进行影像记录，可以发现肉眼、地面巡视无法发现的设备缺陷且方便地进行事后的反复检查。

（2）巡线速度快、不受地域的影响。人工巡线的速度受地理环境的影响较大，特别是在高原、高寒、山地和高海拔等交通不便的地区，其信息反馈的周期都很长，远远不能满足大功率、远距离安全输电的要求。而直升机巡线则能快速完成空中巡查、监测等工作，做到巡视速度与地域无关，巡视信息当天就能做出反应，巡视效率几十倍的提高，保证管理人员能够及时掌握电网设备的实际情况，在最短时间内做出有针对性的反应，采取最有效的措施，确保电网安全稳定运行。同时，也可以大大减轻线路巡视人员的劳动强度，降低人工成本。

（3）数据储存，速度快捷。由于直升机巡线所采集到的信息已全部数字化，因此一方面可以通过互联网将信息传递到需要的地方，另一方面可以由计算机来对这些数据进行处理、储存和管理，根据数据准确判断设备内部隐患，从而达到快捷、无差错和便于查询，极大地提高管理效率和故障处置的反应速度，进而提高线路设备的健康水平。

（4）提高安全性。众所周知，飞机的安全性远远大于汽车的安全性，因此从安全方面考虑，人工巡线除了存在汽车正常行驶时可能导致的安全问题以外，还存在着山路、河流等自然地理条件引发的安全隐患；而直升机巡线则可大大降低这两方面的安全问题，最大可能地保障巡线人员的生命安全。

（5）不足之处。不足之处是每次升空飞行需向国家空管部门申请飞行计划，稍差点天气或有对流天气无法飞行；飞行检测的数据量大，没有专业的运行经验专家软件自动对照、判别挑选设备缺陷和所在某个位置（线路通道障碍容易判别）；突发性事故不能及时巡查等。

二、直升机巡视的主要装备和功能

直升机巡视的装备主要由机载设备、机载软件、地面应急巡检指挥车车载设备及车载软件设备组成。

（1）机载设备由吊舱、全景观测仪、GPS 天线、飞行姿态检测仪天线、北斗卫星天线、射频天线、数传电台天线、一体化操作平台及集成机柜等组成。

1）吊舱由转塔和陀螺稳定系统组成，内部安装可见光摄像机、全数字动态红外热像仪及紫外摄像机三个光学传感器，用于拍摄高清图像和高清视屏。

2）全景观测仪。由全景云台与全景摄像机组成，主要负责拍摄全景图像和测量巡检线路与交跨物距离的工作。

3）GPS 天线。负责测量直升机的位置、海拔信息等数据。

4）飞行姿态检测仪天线。负责测量直升机的航向、俯仰、横滚等参数。

5）北斗卫星天线。负责巡视航线的设定，用于直升机导航。

6）射频天线。负责读取待检线路、杆塔的相关信息。

7）数传电台天线。负责传送图文资料、短信、视屏影像。

8）一体化操作平台。主要用于人机交换的功能。

9）集成机柜。主要负责机载设备控制和数据传输。

（2）机载软件。机载软件主要由控制系统、采集系统、存储系统、智能诊断系统和三维导航系统五大系统组成。分别完成机载系统的手动及自动控制的拍摄，巡检数据的采集、巡检数据的存储、巡检数据的实时智能诊断、巡检过程中的三维导航等工作。

（3）地面应急巡检指挥车车载设备。主要由后处理 PC、任务规划 PC、数据存储阵列、网络交换机、数传电台、UPS 不间断电源及地面监控指挥服务器等组成。

（4）车载软件。车载软件主要由地面监控指挥系统和后处理系统两大系统组成，用于线路巡检前的任务规划、巡检过程中的地面监控指挥以及巡检后的数据后处理工作。

三、直升机机载设备的主要功能

一般的直升机机载设备主要由陀螺稳定吊舱、红外成像仪、可见光摄像机、机内操作平台等四大主要部件组成，其余设备还有陀螺稳定望远镜、长焦数码相机、紫外成像仪、激光测距仪等，可根据巡视的目的进行选择配置。吊舱安装在飞机外部，操作平台安装在机舱内。

（1）陀螺稳定吊舱。利用其防抖及随动的功能，可基本消除直升机飞行中所带来的抖动及方向变化，以方便锁定目标。

（2）红外成像仪和可见光摄像机。通过将红外成像仪与可见光摄像机内置在陀螺稳定吊舱内，利用红外成像仪或紫外成像仪可以对线路上的导线接续管、耐张管、跳线线夹、导地线线夹、连接金具、防震锤、绝缘子等进行拍摄，飞行结束后使用专用软件分析数据，判断其是否正常。利用望远镜、照相机、机载可见光镜头检查记录杆塔、导地线、金具、绝缘子等部件的运行状态、线路走廊内的树木生长、地理环境、交叉跨越等情况。

（3）机内操作平台。操作平台包括遥控手柄、笔记本电脑、显示器、DV 录放像机、GPS 仪、电源与信号控制箱。巡线员在机舱内通过操作平台可方便地控制红外成像仪与可见光摄像机对输电线路进行检测。国外直升机电力作业采用的仪器设备包括 CEV 电子巡线系统；高速可见光摄像机、红外热像仪、电晕探测仪、X 射线探测仪、导线损伤探测仪、接触电阻检测仪、绝缘子检测仪；绝缘子带电水冲洗设备；直升机等电位带电作业工具设备（包括导地线损伤开断压接工具；激光三维空间扫描设备）等。现在我国也正在研究和引进这些先进设备，有些已投入使用。

四、直升机巡视系统运用及特点

直升机巡视系统是一套以计算机控制为主、人工干预为辅的智能巡检系统，使用该系统巡线可以提高质量和效益、降低成本，具体可分为巡检任务规划、智能巡检、地面后处理三个阶段。

（1）巡检任务规划。可以在地面指挥人员的决策系统帮助下，帮助飞行员和巡检人员模拟巡检线路，优化巡检路径。前期工作又分为巡检资料导入（导入巡检线路的基础资料，如杆塔经纬度、塔形、绝缘子型号、导地线型号等相关信息）——巡检参数设置——巡检路径生成及预览——巡检任务包导出等环节。

（2）智能巡检。具备采集自动化、诊断智能化、存储数字化三个技术特点。

1）采集自动化。系统采用相对空间位置计算、飞机姿态测量、部件空间位置建模、电力线悬垂线计算等技术，实现巡检目标的自动跟踪，能自动跟踪到导地线、绝缘子、连接金具、杆塔等设备，进行自动智能化诊断，发现缺陷并抓拍缺陷部位的高清图片。

2）诊断智能化。智能诊断软件先将所有管辖线路的杆塔经纬度输入，将间隔棒等金具正常运行状况纳入软件，诊断系统以并行流水线诊断方式管理对比判别，以异步方式与机载采集系统接口，实现将采集到的两路高清与两路标清进行部件识别和缺陷的智能诊断及交跨物测距。缺陷诊断除了红外热缺陷诊断、紫外缺陷诊断，还有可见光部件识别缺陷诊断，其主要采用先识别缺陷，然后采用纹理分析的方法诊断出如导线断股、异物附着、绝缘子自爆、杆塔锈蚀等缺陷。而全景交跨物测距，是采用单目的连续图像，辅助 GPS 等参数，测量出导线到交跨物的距离。

3）存储数字化。采用特定的无损压存储技术实时将线路杆塔信息、全数字巡检视频数据、智能诊断后的缺陷图片按实际巡检的杆塔号进行分类，存储到机载的固态阵列中。

（3）地面后处理。将所有采集到的巡检数据信息进行同步智能分析与图片分析。

五、直升机巡视方法

（1）准备工作。巡视前，首先要对输电线路的基础数据进行收集整理，对准备巡视线路的杆塔进行 GPS 定位，以方便制定飞行航线；为便于从空中寻找目标和准确记录，在准备巡视线路的杆塔顶部要安装醒目的航空标志牌，正面应背对飞行方向；编写飞行作业方案和组织指挥与保障计划，编制航巡方案，确定巡检时间、航巡路径及起降场地；根据电网输电线路运行工作实际情况和具体地理位置情况，确定航巡重点线路及重点部位；与空管部门协商飞行航线等事宜，待获得批准后，在良好天气下方可开始巡视作业。

（2）人员要求。直升机巡视一般由两名巡视人员共同进行（直升机驾驶员除外），一名巡视人员操作对线路目测和录像，另一名航检员操作防抖望远镜对线路进行检查。参加直升机巡视的人员身体状况应符合飞行要求，没有恐高症、高血压等不适于飞行的症状；参加直升机巡视的人员应经过专门的培训，熟悉直升机飞行的有关要求及注意事项，熟练掌握搭载设备的使用方法。

（3）巡视过程。直升机巡视时，应沿被巡视线路的斜上方飞行，距地面高度为杆塔上方 10m 左右，距线路水平距离 10m 左右，如图 4–2 所示。直升机巡视速度一般为 20～30km/h，也可根据巡视目的的不同进行调整或悬停，返航速度一般应在 190～230km/h。录像时应使被测导线始终位于银屏中央，避免脱靶；摄像机与航向相对保持 45° 夹角，瞄准前方导线和杆塔，进行连续性录像，摄像机应将每一基杆塔的附件作为检测目标进行跟踪录像，同时注意录像效果，应在背阳光侧观察，防止阳光反射。当发现有缺陷或疑点时，直升机应靠近被检测目标，并作短暂悬停，进行仔细观测。可通过话筒以语音方式将异常情况随时录制于磁带上，便于在线路检测结束后，重放录像磁带时，复查、分析线路设备存在的缺陷情况，确定缺陷所在地段和杆塔号。

图 4–2　直升机巡视

（4）巡视重点。直升机巡视的目的在于弥补地面巡视的不足和提高巡视效率，因此巡视时要有重点进行，不能等同于地面巡视。一般应将地面巡视难以发现的缺陷作为巡视重点，如导地线断股、损伤，导线间隔棒异常，复合绝缘子芯棒发热解剖现象，各类绝缘子闪络痕迹，导线接头发热，金具磨损及销子完好情况等。

六、几种典型的线路巡视检查方法介绍

1. 典型巡视检查方法

线路巡视检查方法有多种，一般是通过巡视人员双眼、望远镜、检测仪器、仪表等对输电线路设备进行巡查，以便及时发现设备缺陷和危及线路安全的因素，并尽快予以消除，预防事故的发生线路巡视可分为登杆塔巡视和地面巡视。登杆塔巡视是对地面检查巡视的一种补充，由于登杆塔巡视时，人与设备的距离近，视线的角度变化范围大，可及时发现地面巡视中无法发现或较难发现的杆塔、金具等缺陷。地面巡视包括正常、夜间和特殊巡视等，可全面掌握线路各部件的运行情况和沿线环境的变化情况。不论何种巡视，都需要掌握其检查方法，这关系到设备缺陷能否及时被发现，对输电线路的安全运行非常重要。

巡视人员在巡视过程中如果不按一定的次序巡视，就会重复往返、顾此失彼，降低巡视效率和质量，因此应将各项巡视内容进行划分和排序，形成合理的观察顺序和行走路线。输电线路的巡视一般采用由远及近的巡视方法，即从巡视出发位置开始，一直到杆塔下全方位、全过程对线路环境、杆塔、拉线周围状况、通道异常、设备缺陷等进行检查。巡视检查中应注意结合太阳光的方向，尽量沿顺光方向观察杆塔上的部件。巡视时，一般先在远离杆塔的位置观察线路周围环境、地貌变化；在向杆塔位置行进途中，注意观察杆塔及绝缘子的倾斜，导地线弧垂、导线分裂间距、异物悬挂、线路通道内的作业及树木等异常；到达杆塔位置注意检查杆塔各部件缺陷和两侧档距内有无影响线路

安全的外界因素；沿线路向下一基杆塔行进途中，注意观察通道内的树木、建筑物、构筑物、边坡等对导线的安全距离及导、地线断股、间隔棒等金具状况。

（1）杆塔检查方法。

1）应自上而下或自下而上逐段检查，不应遗漏。对于地质不良地区或采空区，应检查铁塔塔材是否变形，以肉眼可分辨的挠度为准；主材变形的应将脸部紧贴在主材上，沿主材向上看，检查有无挠度。铁塔结构一般为对称结构，塔材短缺可根据对比塔材是否对称来检查；新短缺的塔材在与其他塔材的交叉处会留有新印迹，明显区别于铁塔的整体色彩；塔材的锈蚀通过观察塔材是否变红来判断。螺栓的紧固程度一般用力矩扳手检查，预先按不同规格的螺栓在力矩扳手上设置不同的力矩值，当紧固力矩达到该设定值后，会听到“咔”声；有经验的巡线工也有用脚踩踏角钢检查是否有螺栓振动声来判断塔材是否松动，这种方法一般用于检查螺栓普遍松动的情况。防盗设施的检查除了外观检查外，还应定期使用扳手拆卸的办法来检查其有效性。当发现绝缘子串倾斜或地表裂缝时，应检查铁塔的倾斜，一般使用经纬仪来检查。

2）钢筋混凝土电杆裂纹的检查一般在距离杆根 5～10m 的距离检查；混凝土电杆的挠度检查应将脸部紧贴在杆体上，沿杆体向上看，检查鼓或凹的现象；有叉梁的混凝土电杆应注意检查叉梁是否对称，各连接处是否有位移现象；混凝土杆的外附接地引下线应牢固固定在杆体上；当发现绝缘子串倾斜或地表裂缝时，应检查电杆的倾斜，一般使用经纬仪来检查。

3）拉线的受力变化检查可以通过观察各条拉线的弧垂是否相同来判断，也可以用手逐条扳动拉线来检查其松紧程度是否相同；拉线的 UT 形螺栓必须有防盗设施并有效。

（2）绝缘子、金具检查方法。

1）绝缘子可从地面使用望远镜检查耐张绝缘子的锁紧销是否短缺，有两种方法：一种方法是巡视人员站在顺光侧，沿锁紧销轴心方向 45° 范围以内，避开其他绝缘子、金具等遮挡，能看到锁紧销的端部是否露出，能看到端部，则说明锁紧销存在，否则锁紧销短缺。另一种方法是利用绝缘子球窝连接处的透光来检查绝缘子的锁紧销是否短缺，对于 W 形锁紧销，沿锁紧销安装方向的轴心观察光线是否通透，如通透则表明无锁紧销，否则说明有锁紧销。

2）绝缘子闪络主要通过颜色变化来检查，根据杆塔高度的不同，一般在距离杆塔 10～50m 的位置用望远镜来检查。瓷绝缘子闪络后，表面釉质被灼伤，灼伤处会出现中心白边缘黑的灼斑；悬垂串的瓷绝缘子主要通过观察瓷裙边缘的变化来判断是否闪络。污秽玻璃绝缘子闪络后，受高温及氧化的作用，其灼伤点比其他部位洁净；洁净的玻璃绝缘子表面灼伤难以发现，主要通过观察绝缘子碗头部位的放电点来判断，放电点一般有硬币大小，银色发亮。复合绝缘子的灼伤较为明显，颜色发白，灼伤伞裙明显区别于其他部位。

3）金具的大部分缺陷需通过登杆塔检查来发现，地面巡视主要检查其销子是否齐全。站在与销子穿向成直线的位置用望远镜检查销钉穿孔的通透性来判断销子是否存在，距离近时也可以直接用望远镜来观察销子是否存在。

4）对于 220kV 及以上线路，在杆塔下还应注意听放电声，如放电声偏大则说明金具高电位侧金具有异常或绝缘子脏污严重，应注意检查金具是否有尖刺，均压环、屏蔽环是否正常，绝缘子表面是否积污严重。

（3）弧垂变化检查方法。从地面检查导地线弧垂变化一般要站在杆塔正下方来观察，导线弧垂点应在一个平面上；钢绞线型架空地线的弧垂应小于导线弧垂；如档距中间有高地，也可在高地上水平观察其弧垂平衡状况。分裂导线的间距变化应在线路的外侧来观察，分裂子导线的间距是否均匀，有无变大或变小的现象。导地线断股应在线路外侧行进时顺光观察，出现散股的断股容易发现，其断裂处会与主线分离，形成小分叉。特别要注意无间隔棒的分裂导线的巡查，防止间距小于设计值时在某一运行时段发生导线缠绕、碰击、鞭打现象。

2. 四季口诀

春季多风线舞动，巧用舞动查险情，沿线群众植树忙，防护区内控栽树。

夏季到来多雷雨，注意基础和接地，温高导线弛度变，各类交叉勤查看。

秋有霜露气候潮，绝缘干净才可靠，鸟类数量要增加，及时检查防鸟刺。

冬季降雪线覆冰，特殊区域要多去，农家温室种蔬菜，劝其绑扎塑料棚。

第五章

输电线路测量及日常维护

模块1 绝缘子等值附盐密度测量

【模块概述】在电力系统中，电压等级高、输送容量大的变电站和输电线路起着十分重要的作用。而在输电线路经过的地区，工业污秽、海风的盐雾、空气中的尘埃等污秽物逐渐积累并附着在绝缘子表面，极易形成污秽层，由于污秽绝缘子的绝缘强度大大降低，极易引起绝缘子在正常运行电压下闪络，造成大面积停电，形成污闪事故。

污闪事故不同于一般单纯的设备事故，它涉及面广、影响设备多且分散。现阶段我国电力系统的网架尚比较薄弱，多次污闪跳闸即有可能带来整个系统的崩溃，造成大面积、多设备的连锁事故。

因此，在设计建造电网系统前，应首先测定外绝缘子表面的污秽程度以确定所在区域的污秽等级，据此选择合适的外绝缘爬电比距；对于已经投入使用的高压输电线路、发电厂、变电站等场所的外绝缘设备，应当保证每年至少检测一次其表面污秽程度，以衡量是否可能引起污闪事故，作为判断外绝缘设备是否需要清洗或更换的依据。通过以上途径，尽量使污闪事故发生率降低到可接受的程度，最大限度降低对国民经济的影响。

一、原理及方法

由于绝缘子表面的污秽包含溶性成分和不溶性成分，其中盐密度是指绝缘子表面层污秽的可溶成分与表面积的比值，区别于灰密度。根据电网污秽划分新标准，污秽度中盐密和灰密之间的关系在 5～10 倍分散，相同等值盐密不同灰度的绝缘子可能处于不同的污秽等级，故污秽等级的确认需要等值盐密度和灰密度组合才可确定。电力系统对污秽的测试主要采用等值附盐密度法，即附盐密度法。

爬电距离：沿绝缘子绝缘表面两端金具之间最短距离或最短距离之和，两端金具之间的水泥和任何其他非绝缘材料的表面不计入爬电距离。附盐密度：人工污秽试验时涂覆于试品绝缘子绝缘表面（不包括金属部件和装配材料）的氯化钠总量与绝缘表面面积之比，表示为 mg/cm^2。等值附盐密度：简称等值盐密，电导率等同于溶解后现场绝缘子绝缘表面自然污秽水溶物的氯化钠总量与绝缘表面面积之比，表示为 mg/cm^2。等值附盐密度是把绝缘子表面的导电污物密度转化等值为单位面积上含有多少毫克的氯化钠。所谓等值盐密，实际上是一个平均量。盐密值应用比较广泛，它是输变电设备划分污秽等级的依据之一，也是选择绝缘水平和确定外绝缘维护措施的依据。

等值附盐密度的测量方法是将待测瓷表面的污物用蒸馏水（或去离子水）全部清洗下来，采用电导率仪测其电导率，同时测量污液温度，然后换算到标准温度（20℃）下的电导率值，再通过电导率和盐密的关系，计算出等值含盐量和等值盐密度。

测量等值附盐密度应分别在户外能代表当地污染程度的至少一串绝缘子和一根棒式支柱绝缘子上取样，而且测量应在当地积污最重的时期进行。

二、作业任务

现场进行绝缘子瓷表面盐密清洗采样，操作盐密测试仪导出测试结果。

三、作业准备

1. 作业条件及人员要求

（1）本工作应在天气较好的条件下进行，如遇雷雨、大风等天气不得进行作业。

（2）作业人员身体健康、精神状态良好，穿戴合格劳动保护服。

（3）测量操作人员应具备熟练操作测量仪器的技能，严格遵守、执行安全规程。

2. 危险点分析

（1）危险点——触电。测量时防止低压触电，测试台与清洗台应有一定距离。

（2）危险点——割伤。预控措施：清洗时注意防止割伤。

（3）危险点——仪器损坏。预控措施：仪器要由专人保管和使用，使用过程中注意防水。

3. 准备工器具和材料

根据本次工作内容填写工器具及材料出入库单，并对其进行清理备用，本模块所需要的工器具及材料见表 5–1。

表 5–1　　绝缘子等值附盐密度测量的工器具及材料表

序号	名称	规格及型号	单位	数量	备注
1	智能电导盐密测试仪	HTYM–H（内置智能电导附盐密度的公式计算）	台	1	
2	蒸馏水		毫升	300	
3	水槽（搪瓷盆）		个	1	
4	温度计		个	1	
5	毛刷		个	1	
6	计算器		个	1	

4. 作业分工

本作业人员分工见表5–2。

表5–2　　绝缘子等值附盐密度测量分工表

序号	工作岗位	数量（人）	工　作　职　责
1	工作负责（监护）人	1	负责本次工作任务的人员分工、工作前的现场查勘、作业方案的制订、工作票的填写、办理工作许可手续。工作前对操作人员进行安全教育、交代安全注意事项，对整个测量过程的安全技术负责，工作结束后总结经验和不足之处
2	测量人员	1	负责测试工作，协助完成记录的填写及计算
3	辅助人员	1	在测量人员的指导下，完成测试作业过程中的辅助工作；对测量过程的数据进行记录和整理，配合、协助正确完成测量工作

四、作业程序

1. 开工

履行开工手续，正确规范地填写工作票，执行工作票签发和许可制度。工作负责人召开班前会，向操作人员进行安全教育、交代危险点及安全注意事项，工作班成员明确签字确认后方可开工。

2. 作业内容及标准

本模块操作流程见表5–3。

表5–3　　绝缘子等值附盐密度测量操作流程

序号	作业内容	作业步骤及标准	安全措施注意事项	备注
1	工器具检查	（1）检查测试仪器的完好性，试验标签是否合格。 （2）将电极连接到仪器主机上，打开仪器电源开关，屏幕进行自检		
2	登记	正确登记线路名称、杆塔编号、绝缘子型号、数量		
3	清洗绝缘子	（1）按绝缘子表面积选取蒸馏水量，蒸馏水分成三至四等份，将绝缘子放置在清洁的医用托盘内。 （2）用蒸馏水将绝缘子瓷质表面洒湿润。把绝缘子放置好，一手拿洒水器，一手拿细毛刷依顺时针方向擦拭绝缘子瓷质表面上的污秽。擦拭一遍后将污秽水倒入容器内。再用清洁的蒸馏水洒在绝缘子下表面上，依同样的方法进行擦拭，直至将绝缘子上下瓷质表面上的污秽擦拭干净	（1）依据绝缘子上、下表面积，用带有刻度量杯量出适当的蒸馏水。 （2）接触绝缘子前，应戴清洁的医用手套，为避免失去污秽，不得接触绝缘子表面。 （3）擦拭前，将容器、量杯、细毛刷等应清洗干净，以保证无任何电解质。用橡胶等将绝缘子金属构件严密包裹，以防蒸馏水洒失，影响盐密值	
4	绝缘子污秽收集	（1）将收集好的污秽溶液倒入量杯内，倒时应利用漏斗以防止溶液溅洒。 （2）污秽溶液倒完后，应用清洁的蒸馏水冲洗医用托盘，使污秽完全倒入量杯中，收集完后充分搅	为避免损失污秽，应不接触绝缘子表面，戴清洁的医用手套	

续表

序号	作业内容	作业步骤及标准	安全措施注意事项	备注
5	测量和输出数据	（1）将仪器探头测量部位放入污秽溶液中，等待数据稳定，记录数据。 （2）同时测量溶液温度并记录。测量完成打印测量结果	（1）宜将电极长度的 1/3 以上插入溶液，过短会影响温度测试。 （2）测试时不宜让电极接触环境，以免影响电导值和温度值	
6	计算	将上述实测数据进行标准计算		
7	工作结束	测试工作结束，清洗用过的容器、毛刷		

绝缘子表面积与盐密测量用水量的关系见表 5–4。

表 5–4　　绝缘子表面积与盐密测量用水量的关系

表面积/m^2	大于 1500	大于 1500～2000	大于 2000～2500	大于 2500～3000
用水量/ml	300	400	500	600

模块 2　使用经纬仪测量导线的弧垂

【模块概述】架空线路的各种限距及导线弧垂均应符合设计要求。但在运行过程中，所要求的限距可能受到破坏，其原因有下列几点。

（1）在线路下面或其附件新建或改建的建筑物，如道路、电信线路或低压线路等。

（2）因为线路的改造或改建改变了杆塔的位置或改变了杆塔的尺寸。

（3）杆塔倾斜，导线松弛未调整或导线经长时间运行而拉长了。

（4）因为相邻两档内荷载不均匀，导线在线夹内滑动。

由于上述原因，所以在运行中必须观测各种限距的情况，使其符合要求。在线路巡视工作中，以“眼力”来检查所有限距，同时应注意可能使限距发生变更的原因，如果发现某些线路可能不符合规定时必须进行精确的测量。对于耐张、转角、换位等杆塔过引线方面的导线限距，一般均在停电线路上直接登塔测量；对于导线弧垂、导线跨越、导线交叉地方与建筑物或下层线路的限距，一般均不停电，而采用经纬仪测量其数值。

一、原理及方法

角度观测法是指使用仪器测量线路的弧垂方法，是用仪器（经纬仪、全站仪）测量竖直角观测弧垂的一种方法。角度观测法有档端观测法、档外观测法、档内观测法，作业人员根据现场实际条件选择适合的方法，这里着重介绍档端观测法测量导线的弧垂。

档端观测时如图 5–1 所示，经纬仪架设在一端导线悬挂点 A 的正下端，则可求出 a

的值：

$$a = AA' - i$$

式中　a ——架空线选点与经纬仪横轴的高差，m；

i ——经纬仪高度，m。

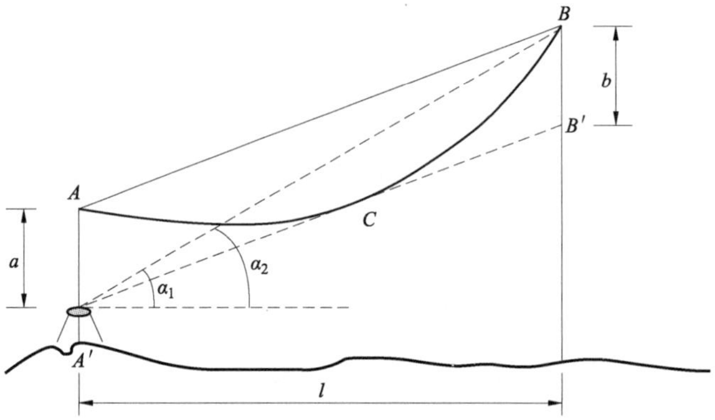

图 5–1　档端观测位置关系图

旋转望远镜分别测量导线弧垂最低点 C、导线悬挂点 B，测得的竖直角 α_1、α_2，根据弧垂的计算公式有

$$f = \frac{1}{4}\left[\sqrt{a} + \sqrt{l(\tan\alpha_2 - \tan\alpha_1)}\right]^2$$

式中　l ——观测档档距；

α_1 ——望远镜的横丝与导线下缘 C 点相切时测得的竖直角度；

α_2 ——望远镜中丝切至对面杆塔同侧导线悬挂点 B 时测得的竖直角。

二、作业准备

1. 作业条件及人员要求

（1）本工作应在天气较好的条件下进行。

（2）作业人员身体健康、精神状态良好，穿戴合格劳动保护服。

（3）测量人员应具备熟练操作测量仪器的技能和掌握线路运行测量基础知识及计算方法，经过专门培训。

2. 现场查勘

接受工作任务后，作业人员明确需测量的线路、档距名称，查阅档案，根据任务选定测站杆塔，摘记测量档距、测站塔呼高等资料，准备导地线放线应力曲线表。

3. 危险点分析

（1）危险点——放电。预控措施：立塔尺前要认真观察导线对地距离，塔尺抽出长度不得超高，严格保持与带电导线的安全距离满足表 5–5 规定。

表 5–5　　邻近或交叉其他电力线工作的安全距离（1）

电压等级/kV	安全距离/m	电压等级/kV	安全距离/m
交流线路			
10kV 及以下	1.0	330	5.0
20、35	2.5	500	6.0
63（66）、110	3.0	750	9.0
220	4.0	1000	10.5
直流线路			
±50	3.0	±660	10.0
±500	7.8	±800	11.1

（2）危险点——防止锤击砸伤。预控措施：人员携带工器具行走时，塔尺及三脚架要平拿，防止触及上方带电线路。

（3）危险点——仪器损坏。预控措施：仪器要由专人保管和使用，其他人员不得随意调动仪器。

4. 准备工器具和材料

根据本次工作内容填写工器具及材料出入库单，并对其进行清理备用，本模块所需要的工器具及材料见表 5–6。

表 5–6　　使用光学经纬仪测量导线的弧垂的工器具及材料

序号	名称	规格及型号	单位	数量	备注
1	光学经纬仪	J2	套	1	
2	塔尺	3m	根	1	
3	温度计	气温计	支	1	
4	钢卷尺	5m	把	1	
5	计算器	带函数计算	个	1	
6	通信设备	对讲机	个	2	
7	记录本	线路存档专用	本	1	
8	记录笔	签字笔	支	1	

5. 作业分工

本作业人员分工见表 5–7。

表 5–7　　使用光学经纬仪测量导线的弧垂分工

序号	工作岗位	数量/人	工　作　职　责
1	工作负责（监护）人	1	负责本次工作任务的人员分工、工作前的现场查勘、作业方案的制订、工作票的填写、办理工作许可手续、召开工作班前会、负责作业过程中的安全监督、工作中突发情况的处理、工作质量的监督、工作后的总结

续表

序号	工作岗位	数量/人	工　作　职　责
2	测量人员	1	负责测试工作，协助完成卡片填写、报表及记录，测量中严格执行相关规程和本作业指导书规定
3	辅助人员	1	在测量人员的指导下，完成测试作业过程中的辅助工作；对测量过程的数据进行记录和整理，配合、协助正确完成测量工作

三、作业程序

1. 开工

履行开工手续，正确规范地填写工作票，执行工作票签发和许可制度。所有人员到达工作现场后，工作负责人召开班前会，宣读工作票，根据现场情况指定各工作点位置，交代安全注意事项。工作负责人全面检查无遗漏后通知开始工作。

2. 作业内容及标准

本模块操作流程见表5–8。

表5–8　使用光学经纬仪测量导线的弧垂操作流程

序号	作业内容	作业步骤及标准	安全措施注意事项	备注
1	工器具检查	（1）检查仪器的出厂合格证和检验周期证。 （2）仪器外观检查：各部分有无破损，转动各旋钮转动是否灵活，三脚架能否正常升降。 （3）检查塔尺：观察塔尺刻度是否清晰，能否灵活伸展	工器具外观检查合格，无损伤、变形、失灵现象，合格证在有效期内	
2	架设仪器	（1）在档外适当位置放置仪器。 （2）基座初步整平。 （3）照准部精确整平	（1）仪器不得架设在交通道路上。 （2）在水泥路面架仪器要防止三脚架滑倒	
3	立塔尺	（1）作业人员到达导线悬挂点A点正下方。 （2）在工作负责人的监护下抽出塔尺，将塔尺精确立在某相导线悬挂点正下方，尺面朝仪器方向	塔尺不得抽出过高，必须保证与带电导线4.0m以上安全距离，必要时采用其他措施进行测量	
4	观测数据	用水平视距测量法测量基础顶面至导线悬挂点的垂直高度AA'		
5	重置仪器	（1）在指定地点放置仪器，要求在杆塔该相导线悬挂点地面垂直投影点架设仪器。 （2）基座初步整平。 （3）照准部精确整平。 （4）钢卷尺测量仪器高度	（1）仪器不得架设在交通道路上。 （2）在水泥路面架仪器要防止三脚架滑倒	
6	观测数据	（1）盘左位置朝观测档观测，使中丝与该相导线下沿，测量此处的垂直角$\alpha_{1左}$。 （2）固定照准部，向上转动望远镜，中丝切准对面杆塔同侧导线的悬挂点，测量此处的垂直角$\alpha_{2左}$。 （3）盘右位置朝观测档观测，使中丝与该相导线下沿，测量此处的垂直角$\alpha_{1右}$。 （4）固定照准部，向上转动望远镜，中丝切准对面杆塔同侧导线的悬挂点，测量此处的垂直角$\alpha_{2右}$。 （5）记录温度计读数	在交通路边观测时要设醒目标志，注意过往车辆，防止人员撞伤	

续表

序号	作业内容	作业步骤及标准	安全措施注意事项	备注
7	计算交叉跨越距离	（1）计算盘左观测导线的弧垂。 （2）计算盘右观测导线的弧垂。 （3）计算盘左和盘右观测弧垂的平均值		
8	工作结束	（1）测量工作结束，仪器装箱，塔尺收好。 （2）工作负责人检查无遗留物品后，人员撤离工作现场		

模块 3　使用经纬仪测量 220kV 线路与下层线路交叉跨越距离

【模块概述】与送配电线、弱电线（指电报、电话、有线广播、铁路信号）、铁路、公路、架空管索道、通航河流等交叉跨越时，必须进行交叉跨越测量，作为运行线路的重要指标。线路运行部门应建立每条线路交叉跨越的详细测量记录（换算到最高气温），交叉跨越应标明在线路的走向图上，并要求定期核对，做到与现场相符。运行人员结合每月巡视，对巡视线路的交叉跨越进行核对，发现有异动或新增的要做好记录，并在图上标明位置，有疑义的要及时上报要求进行复测。

一、工作任务

完成用经纬仪测量 220kV 线路与下层线路交叉跨越距离的测量。

二、人员要求及作业条件

（1）作业人员身体健康、精神状态良好，熟悉线路测量规范，应有线路测量相关工作经验。

（2）本工作应在天气较好的条件下进行。

三、作业前准备

1. 现场查勘

接受工作任务后，明确需测量的线路、档距名称，查阅档案，根据任务选定测站杆塔，摘记测量档距、测站塔呼高，资料，准备导、地线放线应力曲线表。

2. 危险点分析

（1）危险点——放电。预控措施：立塔尺前要认真观察导线对地距离，塔尺抽出长度不得超高，严格保持与带电导线的安全距离满足表 5-9 规定。

（2）危险点——防止锤击砸伤。预控措施：人员携带工器具行走时，塔尺及三脚架要平拿，防止触及上方带电线路。

表 5–9　　邻近或交叉其他电力线工作的安全距离（2）

电压等级/kV	安全距离/m	电压等级/kV	安全距离/m
交流线路			
10kV 及以下	1.0	330	5.0
20、35	2.5	500	6.0
63（66）、110	3.0	750	9.0
220	4.0	1000	10.5
直流线路			
±50	3.0	±660	10.0
±500	7.8	±800	11.1

（3）危险点——仪器损坏。预控措施：仪器要由专人保管和使用，其他人员不得随意调动仪器。

3. 准备工器具和材料

根据本次工作内容填写工器具及材料出入库单，并对其进行清理备用，本模块所需要的工器具及材料见表 5–10。

表 5–10　使用经纬仪测量 220kV 线路与下层线路交叉跨越距离的工器具及材料

序号	名称	规格及型号	单位	数量	备注
1	光学经纬仪	J2	套	1	
2	塔尺	3m	根	1	
3	温度计	气温计	支	1	
4	钢卷尺	5m	把	1	
5	计算器	带函数计算	个	1	
6	通信设备	对讲机	个	2	
7	记录本	线路存档专用	本	1	
8	记录笔	签字笔	支	1	

4. 作业分工

本作业人员分工见表 5–11。

表 5–11　　使用光学经纬仪测量 220kV 线路交叉跨越距离分工

序号	工作岗位	数量/人	工　作　职　责
1	工作负责（监护）人	1	负责本次工作任务的人员分工、工作前的现场查勘、作业方案的制订、工作票的填写、办理工作许可手续、召开工作班前会、负责作业过程中的安全监督、工作中突发情况的处理、工作质量的监督、工作后的总结
2	测量人员	1	负责测试工作，协助完成卡片填写、报表及记录，测量中严格执行相关规程和本作业指导书规定
3	辅助人员	2	在测量人员的指导下，完成测试作业过程中的辅助工作；对测量过程的数据进行记录和整理，配合、协助正确完成测量工作

四、作业程序

1. 开工

履行开工手续，正确规范地填写工作票，执行工作票签发和许可制度。所有人员到达工作现场后，工作负责人召开班前会，宣读工作票，根据现场情况指定各工作点位置，交代安全注意事项。工作负责人全面检查无遗漏后通知开始工作。

2. 作业内容及标准

本模块操作流程见表 5–12。

表 5–12　　使用光学经纬仪测量 220kV 线路交叉跨越距离操作流程

序号	作业内容	作业步骤及标准	安全措施注意事项	备注
1	工器具检查	① 检查仪器的出厂合格证和检验周期证。 ② 仪器外观检查：各部分有无破损，转动各旋钮转动是否灵活，三脚架能否正常升降。 ③ 检查塔尺：观察塔尺刻度是否清晰，能否灵活伸展	工器具外观检查合格，无损伤、变形、失灵现象，合格证在有效期内	
2	架设仪器	① 在指定地点放置仪器，要求仪器距离测点大于 2 倍线高，保证垂直角不大于 30°。 ② 基座初步整平。 ③ 照准部精确整平。 ④ 钢卷尺测量仪器高度	（1）仪器不得架设在交通道路上。 （2）在水泥路面架仪器要防止三脚架滑倒	
3	立塔尺	① 作业人员到达交叉点处。 ② 观察导线高度。 ③ 在工作负责人的监护下抽出塔尺，将塔尺精确立在被测导线与跨越物的交叉点正下方，尺面朝仪器方向	塔尺不得抽出过高，必须保证与带电导线 4.0m 以上安全距离，必要时采用其他措施进行测量	
4	观测数据	① 盘左位置瞄准塔尺，测量距离及垂直角。 ② 固定照准部，上下转动望远镜，中丝切准导线，测量垂直角。 ③ 中丝切准跨越物，测量垂直角。 ④ 记录温度计读数。 ⑤ 盘右位置瞄准塔尺，测量距离及垂直角。 ⑥ 固定照准部，上下转动望远镜，中丝切准导线，测量垂直角。 ⑦ 中丝切准跨越物，测量垂直角	在交通路边观测时要设醒目标志，注意过往车辆，防止人员撞伤	
5	计算交叉跨越距离	① 计算盘左观测交叉跨越距离。 ② 计算盘右观测交叉跨越距离。 ③ 计算盘左和盘右观测交叉跨越距离的平均值		
6	换算到最高气温下交叉跨越距离	① 查放线曲线，计算观测气温下导线应力，以及跨越点的弧垂值。 ② 计算最高气温下，跨越点的弧垂值。 ③ 修正数据，计算最高气温下交叉跨越距离		
7	工作结束	① 测量工作结束，仪器装箱，塔尺收好。 ② 工作负责人检查无遗留物品后，人员撤离工作现场		

五、原理及方法

本模块的测量工作主要涉及的是竖直角，因此着重介绍竖直角的观测与计算。

导线 1 与下层线路的交叉跨越距离 Δh 按图 5–2 所示进行测量。

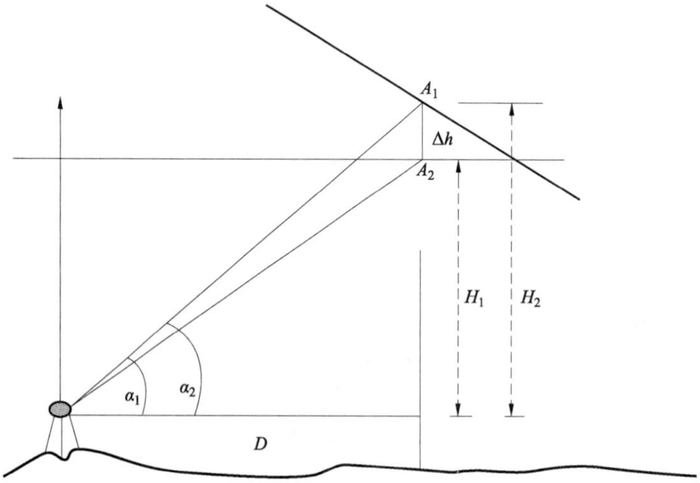

图 5–2　测量位置图

测量时将经纬仪安放在交叉跨越大角二等分线并距交叉点约 50m 处，调平经纬仪后在交叉点的地面上竖立塔尺作为方向，这时经纬仪测量交叉点上层导线 A_1 点和下层导线 A_2 点的垂直角分别为 α_1 和 α_2，水平距离为 D，根据测量结果，交叉跨越距离：

$$\Delta h=D（\tan \alpha_1-\tan \alpha_2）$$

因为测量时导线的弧垂不一定是最大弧垂情况，因此导线在最大弧垂时的交叉跨越距离 h_0 等于

$$h_0=\Delta h-\Delta f_x$$

$$\Delta f_x=4\left(\frac{x}{l}-\frac{x^2}{l^2}\right)\left[\sqrt{f^2+\frac{3l^4}{8l_0^2}(t_m-t)a}-f\right]$$

式中　Δf_x ——测量时导线弧垂 f_x 换算成最高温度时导线弧垂的增量，m；

f ——测量时导线档距中点的弧垂，m；

f_x ——测量时导线在交叉点的弧垂，m；

l ——交叉点所在电力线路的档距，m；

l_0 ——代表档距，m；

t_m ——最高温度；

t ——测量时温度；

a——导线热膨胀系数；

x——交叉点到最近杆塔的距离，m。

模块4　绝 缘 子 检 测

【模块概述】绝缘子是电网中大量使用的一种绝缘部件，当前应用的最广泛的是瓷质绝缘子，也有少量的玻璃绝缘子，有机（或复合材料）绝缘子国内也陆续有了应用。

瓷件或玻璃件是绝缘子的主要组成部分，它除了作为绝缘外，还具有较高的机械强度。为保证瓷件的抗电强度和抗湿污能力，瓷件设有裙边和凸棱，并在瓷件表面涂以白色或有色的瓷釉，而瓷釉有较强的化学稳定性，且能增强绝缘子的机械强度。

绝缘子在搬运施工过程中，可能会因碰撞而留下裂痕；在运行过程中，可能由于雷击事故而破碎或损伤；由于长期的机械负荷和高电压的长期联合作用而导致绝缘子的劣化，这样绝缘子的击穿电压会不断下降，当下降至下雨沿边干闪电压时，就称为低值绝缘子。低值绝缘子的极限，即内部击穿电压为零时，就称为零值绝缘子。当绝缘子串存在低值或零值绝缘子时，在污秽环境中，在过电压甚至在工作电压作用下易发生闪络事故。在电网中曾多次发生由于零值绝缘子而引起的污闪事故；也曾因出现零值绝缘子而导致绝缘子爆炸的事件。因此，及时检验出运行中存在的不良绝缘子，排除隐患，对减少电力系统事故、提高供电可靠性是至关重要的。

一、相关知识

使用手摇式绝缘电阻表绝缘子电阻测量是对瓷绝缘子绝缘电阻的测量，复合绝缘子一般不采用此方法。测量的目的是检查绝缘子的绝缘状况，发现绝缘子的绝缘劣化和绝缘击穿等缺陷。

1. 绝缘电阻合格的标准

（1）新装绝缘子的绝缘电阻应大于或等于500MΩ。

（2）运行中绝缘子的绝缘电阻应大于或等于300MΩ。

2. 绝缘子劣化的判定

（1）绝缘子绝缘电阻小于300MΩ，而大于240MΩ可判定为低值绝缘子。

（2）绝缘子绝缘电阻小于240MΩ可判定为零值绝缘子。

3. 测量方法

盘性玻璃绝缘子伞盘自爆后，应判为劣化绝缘子。由于该绝缘子串含有自爆绝缘子，减少了该绝缘子的泄漏比距，但若此类有自爆片数的绝缘子串处在远离集镇、厂矿等一般污秽或丘陵、山丘清洁区时，可继续运行至该线路的周期停电检修时更换。对瓷质绝缘子可在线路停电时，采用5000V或2500V的绝缘电阻表测量绝缘子的绝缘电阻值。另外，在不能停电的情况下也可采用绝缘电阻检测仪带电检测绝缘子的绝缘电阻。

二、作业任务

使用手摇式绝缘电阻表测量悬式瓷质绝缘子的绝缘电阻值。

三、作业准备

1. 作业条件及人员要求

（1）本工作应在天气较好的条件下进行，如遇雷雨、大风等天气不得进行作业。

（2）作业人员身体健康、精神状态良好，穿戴合格劳动保护服。

（3）测量操作人员应具备熟练操作测量仪器的技能，严格遵守、执行安全规程。

2. 现场查勘

接受工作任务后，工作负责人进行现场复勘，确认该杆塔属于工作范围内、杆塔接地装置确认已停电。

3. 危险点分析

（1）危险点——触电。

1）测量时防止电击，摇动表时禁止接线和测试连接线。

2）测量时，辅助人员必须戴绝缘手套。

（2）危险点——落物伤人。预控措施：作业区内装设遮栏（围栏），禁止非作业人员进入。

（3）危险点——仪器损坏。预控措施：仪器要由专人保管和使用，其他人员不得随意调动仪器。

4. 准备工器具和材料

根据本次工作内容填写工器具及材料出入库单，并对其进行清理备用，本模块所需要的工器具及材料见表5–13。

表5–13　　绝缘子绝缘电阻的工器具及材料

序号	名称	规格及型号	单位	数量	备注
1	绝缘电阻测试仪	5000V	台	1	
2	绝缘手套		副	1	
3	测试连接线	3m	根	2	
4	悬式绝缘子	XP–4	片	1	
5	记录本	线路存档专用	本	1	
6	记录笔	签字笔	支	1	

5. 作业分工

本作业人员分工见表5–14。

表 5–14　　使用手摇式绝缘电阻表测量绝缘子绝缘电阻分工

序号	工作岗位	数量/人	工　作　职　责
1	工作负责（监护）人	1	负责本次工作任务的人员分工、工作前的现场查勘、作业方案的制订、工作票的填写、办理工作许可手续。工作前对操作人员进行安全教育、交代安全注意事项，对整个测量过程的安全技术负责，工作结束后总结经验和不足之处
2	测量人员	1	负责测试工作，协助完成卡片填写、报表及记录，测量中严格执行相关规程和本作业指导书规定
3	辅助人员	1	在测量人员的指导下，完成测试作业过程中的辅助工作；对测量过程的数据进行记录和整理，配合、协助正确完成测量工作

四、作业程序

1. 开工

履行开工手续，正确规范地填写工作票，执行工作票签发和许可制度。工作负责人召开班前会，向操作人员进行安全教育、交代危险点及安全注意事项，工作班成员明确签字确认后方可开工。

2. 作业内容及标准

本模块操作流程见表 5–15。

表 5–15　　使用手摇式绝缘电阻表测量绝缘子绝缘电阻操作流程

序号	作业内容	作业步骤及标准	安全措施注意事项	备注
1	工器具检查	（1）仪表的检查：检查仪表外观、出厂合格证及试验合格证。 （2）仪表的短路试验：绝缘电阻表放在水平位置，将“L”和“E”两个接线柱瞬时短路，看指针是否指在“0”，在摇动手柄时，短接时间不得过长，否则将损坏绝缘电阻测试仪。 （3）仪表的开路试验：将接线端“L”和“E”开路，顺时针摇转手柄使发电机达到额定转速，观察指针是否指向“∞”	（1）检查仪表外观完好，合格证日期在规定时间内。 （2）短路试验时，辅助人员必须戴绝缘手套。 （3）短路试验时，转动仪表时要低速，短接时间要短，瞬间搭接和拿开，以防烧坏仪表。 （4）仪表指针不能指向“0”和“∞”位置，表面仪表有故障，应经检查修理后再使用	
2	绝缘子清污、检查	（1）绝缘子检查：检查绝缘子是否完好，是否有裂纹、毛刺，钢脚和钢帽位置有无锈蚀、松动，是否有放电痕迹。 （2）绝缘子清污：用毛巾清扫绝缘子表面污垢，清洁后的绝缘子应放在塑料布上	绝缘子表面脏污、油渍会使其表面泄漏电流增大，表面绝缘下降，为获得正确的测量结果需将表面擦拭干净，以免漏电影响测量的准确性	
3	绝缘子绝缘电阻测量	（1）接线：连接导线选用绝缘良好的单支多股铜芯绝缘线，将表的“L”和“E”两个接线柱分别接在绝缘子的钢帽部位和钢脚部位。 （2）摇测：手摇发动机要保持匀速，不可过快也不可过慢，使指针不停地摆动，适宜的转速为 120r/min。测量时，先手摇发动机保持匀速，当电压升至额定值即转速为 120r/min 时，再将测试线与测试点相连，测试完毕应先将测试线脱离接触点后再关闭电源，以防绝缘子被电压反击，损坏绝缘电阻表	（1）在测量过程中，禁止他人接近被测设备。 （2）将测试线与绝缘子上的接触点相连时，辅助人员必须戴绝缘手套。 （3）测试过程中，如果绝缘子电阻迅速下降（到零），应停止测试，说明被测设备有短路现象，以防仪器损坏	

续表

序号	作业内容	作业步骤及标准	安全措施注意事项	备注
4	观测数据及判断	转速稳定后，指针停止摆动，正确读取数值。根据正确标准绝缘子的绝缘判断是否合格	（1）测量读数完毕后，断开测量接线。 （2）运行中合格绝缘子的绝缘电阻应大于或等于 300MΩ，新装绝缘子的绝缘电阻应大于或等于 500MΩ	
5	工作结束	（1）拆除测试连接线，将仪表、绝缘子等收好。 （2）工作负责人确认工作现场无遗留，向工作许可人汇报，履行工作终结手续。 （3）整理测量的绝缘子电阻值记录资料并归档	工作负责人确认全体作业人员撤离作业现场，工作现场无遗留物件，安全措施全部拆除后，方可履行工作终结手续	

模块 5 110kV 输电线路塔材补缺加工

一、工作任务

现场测量缺失塔材尺寸，选择塔材并切割，在塔材两端画印确定螺孔位置，现场冲孔。

二、引用的规程规范

（1）《110～500kV 架空送电线路设计技术规程》（DL/T 5092—2010）。

（2）《110～500kV 架空送电线路施工及验收规范》（GB 50233—2005）。

（3）《国家电网公司电力安全工作规程（线路部分）》（国家电网安监〔2009〕664 号）。

（4）《电力安全工作规程（电力线路部分）》（GB 26859—2013）。

（5）《架空输电线路运行规程》（DL/T 741—2010）。

三、天气及作业现场要求

（1）架空送电线路直线杆、塔停电检修工作时，如遇雷、雨、冰雹及大风时，工作负责人可临时停止检修工作。

（2）在同杆塔共架的多回线路中，部分线路停电检修，应在工作人员对带电导线最小距离不小于表 5–16 的规定的安全距离时，才能进行。

表 5–16　　安　全　距　离

电压等级/kV	安全距离/m	电压等级/kV	安全距离/m
35	2.5	220	4.0
110	3.0	500	6.0

四、修前准备

1. 危险点及其预控措施

（1）危险点——误登杆塔。预控措施：登塔前必须仔细核对线路双重名称，无误后方可上塔。

（2）危险点——人员触电。预控措施如下。

1）按电压等级保持人身、工器具与带电体足够的安全距离。

2）穿导电服或静电防护服，以防止感应触电。

（3）危险点——高空坠落。

1）登塔时应手抓主材，有防坠装置的应正确使用。

2）上下及杆塔上转位时，双手不得持带任何工具物品。

3）塔上作业时不得失去安全带的保护，人员后备绳不得低挂高用。

（4）危险点——掉物伤害。

1）工具、材料应装在工具袋内，物品用绳索传递并绑牢。

2）塔下防止行人逗留，地面人员不得站在作业点下方。

2. 工器具及材料选择

开展本次工作所需要的工器具及材料见表 5–17。

表 5–17　　工器具及材料

工具类别	工具名称	工具型号	数量	备　注
专用工具	安全帽		5 顶	
	安全带		4 副	
	传递绳	ϕ18mm×30m	1 条	
	冲孔机	HFJ 型	1 台	
	角钢切割机	CAC 型	1 台	
个人工具	钢卷尺	200mm	1 把	
	活动扳手	25cm	1 把	
	扭力扳手		1 只	
	工具包		1 个	
材料	螺栓	ϕ16mm	若干	
	螺栓	ϕ20mm	若干	
	螺栓	ϕ24mm	若干	
	角钢	∠30×40	若干	
	角钢	∠40×50	若干	
	防油漆		1 桶	

3. 作业人员分工

本作业人员分工见表5–18。

表5–18　110kV输电线路塔材补缺加工人员分工

序号	工作岗位	数量/人	工　作　职　责
1	工作负责（监护）人	1	负责现场指挥工作，如人员分工、工作前的现场查勘、作业方案的制订、工作票的填写、办理工作许可手续、召开工作班前会、负责作业过程中的安全监督、工作中突发情况的处理、工作质量的监督、工作后的总结
2	塔上技工	1～2	负责起吊、安装塔材、螺栓
3	地面技工	1～2	负责传递工器具、材料等配合工作

五、作业程序

本模块操作流程见表5–19。

表5–19　110kV输电线路塔材补缺加工操作流程

序号	作业内容	作业步骤及标准	安全措施注意事项	责任人
1	现场勘查	（1）了解杆塔周围环境、地形情况。 （2）统计丢失的塔材、螺栓规格尺寸和数量。 （3）确定作业人员配置要求、使用的工具和材料。 （4）分析存在的危险点并制定预控措施	（1）工作票填写和签发必须规范。 （2）现场作业人员正确穿戴安全帽、工作服、工作鞋、劳保手套	
2	核对现场	（1）核对线路双重命名、杆塔号，由登塔人员核对，工作负责人确认。 （2）核对现场情况，由工作负责人核对		
3	检测工具	（1）对安全用具、绳索及专用工具进行外观检查，应无损伤、变形、失灵。 （2）对绝缘工具进行分段绝缘电阻检测。用2500V绝缘电阻表对绝缘绳检测（电极宽2cm、极间宽2cm）。 （3）对安全带、后备保护绳做冲击试验		
4	登塔	（1）攀登杆塔时注意检查脚钉是否牢固可靠，登塔时双手不得持有任何物件，监护人专职监护，不得直接操作。 （2）核对线路名称杆号无误后，作业人员分别携带传递绳、桶袋、螺栓等登上杆塔，到达工作位置后系好安全带，放置传递绳至地面。 （3）工作负责人严格监护		

续表

序号	作业内容	作业步骤及标准	安全措施注意事项	责任人
5	补装塔材	（1）作业人员对现场丢失的塔材、螺栓的数量和规格尺寸进行统计、测量，根据杆塔设计图纸选择角钢的规格尺寸，利用角钢切割机、冲孔机进行加工，然后进行补装。 （2）在地面上技工配合下将待装角钢、螺栓起吊至合适位置后进行安装的安装方法为：作业人员采用螺栓连接构件时，螺栓应与构件垂直，螺栓头平面与构件不应用空隙；螺母拧紧后，螺杆露出螺母的长度应满足规程要求（对平）；必须加垫者，每端不宜超过两个。安装工艺要求为：补装塔材、螺栓作业时，螺栓的穿入方向应符合下列要求。 1）立体结构：水平方向者由内向外；垂直方向者由下向上。 2）平面结构：顺线路方向者由送电侧向受电侧或统一方向；横线路方向者由内向外，中间由左向右（面向受电侧）或按统一方向；垂直方向者由下向上。 3）连接螺栓应逐个紧固，其扭紧力矩不应小于表5–20规定值	（1）在杆塔上作业时，必须使用双保险安全带，安全带要系在牢固的构件上，防止安全带被锋利物伤害，系好安全带后，要检查环扣是否扣好，杆塔上作业转位时抓紧塔材，双手不得持有任何物件。 （2）塔材起吊过程中应注意绑扎牢靠，杆塔上作业人员防止掉东西，使用的工具、材料等要装在工具袋里，并用绳索传递，不得乱扔；杆塔下防止行人逗留，必要时设围栏标识和警示；塔下人员注意站位，起吊过程中避免掉物伤害。 （3）塔下工作人员负责控制好起吊绳索和角钢等物件，注意保持好与邻近带电线路的安全距离。 （4）作业人员后备保护绳不得低挂高用	
6	工作终结	（1）安装结束后，整理工器具材料，确认设备上无其他工具和材料。塔上工作人员携带桶袋、绳索等工器具回到地面。 （2）作业结束后，确认工作人员均已撤离，工作器材均已撤除，所有工作小组工作均已结束，全部工作均已完成，塔材已修复，铁塔上已无工作成员和遗留物，现场已处理完毕，无其他不明情况。在工作结束后及时向工作许可人汇报，填写好竣工验收内容、消缺记录及验收总结	作业现场不得有遗留物	

表 5–20　　连接螺栓扭紧力矩规定值

序号	螺栓规格/mm	扭矩值/N·cm	
		4.8 级	6.8 级
1	ϕ16	8000	10 000
2	ϕ20	10 000	12 500
3	ϕ4	25 000	312 520

110kV 输电线路塔材补缺加工竣工验收内容见表 5–21。

表 5–21　　110kV 输电线路塔材补缺加工竣工验收内容

序号	验收内容	负责人签字
1	检查螺栓、塔材连接紧固和完好	
2	检查线路设备上有无遗留的工具、材料	
3	检查核对安全用具、工器具数量	
4	回收废弃角钢，清理现场杂物，做到工完场清	

六、相关知识

1. 补装塔材、螺栓作业时，螺栓的穿入方向要求

（1）立体结构。

1）水平方向者由内向外。

2）垂直方向者由下向上。

3）斜向者宜由下向斜上穿，不便时应在同一斜面内取统一方向。

（2）平面结构。

1）顺线路方向者由送电侧向受电侧或按统一方向。

2）横线路方向者由内向外，中间由左向右（面向受电侧）或按统一方向。

3）垂直方向者由下向上。

4）斜向者宜由下向斜上穿，不便时应在同一斜面内取统一方向。

备注：个别螺栓不易安装时，穿入方向允许变更处理。

2. 螺栓性能等级的标记和标志

螺栓的性能等级分别有 3.6、4.6、4.8、5.6、5.8、6.8、8.8、9.8、10.9、12.9 等十余个等级，其中 8.8 级及以上螺栓材质为低碳合金钢或中碳钢并经热处理（淬火、回火），通称为高强度螺栓，其余通称为普通螺栓。

性能等级的标记由两部分数字组成：

性能等级 4.8 级的螺栓，其含义是：

（1）螺栓材质公称抗拉强度为 400MPa；

（2）螺栓材质的屈强比值为 0.8；

（3）螺栓材质的公称屈服强度为：

$$400\times0.8=320\text{MPa}$$

模块 6　拉线制作及调整

拉线是输配电架空线路的重要组成部分，在线路中起着平衡杆塔的不平衡张力，稳定杆塔的作用。线路运行后，应受自然环境、外力破坏等各种因素的影响，杆塔拉线出线锈蚀、散股、断股等情况，运行人员可根据缺陷性质采用修补、更换等措施。

一、相关知识

1. 普通拉线的基本机构

拉线由拉线抱箍、延长环、楔形线夹、钢绞线、UT 型线夹、拉线棒和拉线盘组成。

2. 技术和工艺要求

（1）拉线棒外露地面部分的长度应为 500～700mm。

（2）安装前丝扣上应涂润滑剂。

（3）线夹舌板与拉线接触应紧密，受力后无滑动现象，线夹凸肚在尾线侧，安装时不应损伤线股。

（4）拉线弯曲部分不应有明显松股，拉线断头处与拉线主线应固定可靠，线夹处露出尾线长度为 300～500mm，尾线回头后与本线应扎牢。

（5）UT 型线夹螺杆应露扣，并应有不小于 1/2 螺杆丝扣长度可供调紧，调整后双螺母并紧。

二、作业任务

制作并安装 GJ–XX 型拉线。

三、作业准备

1. 作业条件及人员要求

（1）本工作应在天气较好的条件下进行，如遇雷雨、大风等天气不得进行作业。

（2）作业人员身体健康、精神状态良好，穿戴合格劳动保护服。

2. 现场查勘

接受工作任务后，工作负责人进行现场复勘，确认该杆塔属于工作范围内、杆塔接地装置确认已停电。

3. 危险点分析

（1）危险点——高处坠落。预控措施：正确使用安全带，高处作业不得失去安全保护。

（2）危险点——落物伤人。预控措施：作业区内装设遮栏（围栏），地面配合人员应站在物体坠落半径以外，防止高处落物伤害。

（3）危险点——拉线反弹伤人。预控措施：在拉线制作过程中，钢绞线控制位置距离端头不应过远。

4. 准备工器具和材料

根据本次工作内容填写工器具及材料出入库单，并对其进行清理备用，本模块所需要的工器具及材料见表 5–22。

表 5–22　　GJ–XX 型拉线制作并安装的工器具及材料

序号	名称	规格及型号	单位	数量	备注
1	安全带		套	1	
2	安全帽		顶	2	
3	吊物绳	15m	根	1	

续表

序号	名称	规格及型号	单位	数量	备注
4	工具包		个	1	
5	紧线器		把	1	
	脚扣				
6	木槌		个	1	
7	钢绞线	GJ–XX	kg	若干	
8	楔形线夹	LX–XX	只	1	
9	UT 线夹	NUT–XX	只	1	
10	铝包带	5	m	1	
11	镀锌铁丝	18 号、12 号	kg	若干	

四、作业程序

本模块操作流程见表 5–23。

表 5–23　　GJ–XX 型拉线制作并安装操作流程

序号	作业内容	作业步骤及标准	安全措施注意事项	备注
1	工器具检查	钢丝钳、活动扳手灵活可用		
2	制作上把	（1）准备钢绞线：根据现场距离放钢绞线，用铝包带绑扎牢固剪断钢绞线。 （2）画印：钢绞线从楔形线夹小口套入，将钢绞线要弯曲部分校直，在钢绞线上量出 430mm 左右，并画印标记。 （3）弯曲钢绞线：将楔形线夹套入钢绞线，按尾线出口长度 300～400mm 量取尾线长度进行弯曲，将钢绞线线尾及主线弯成张开的开口销模样，并将钢绞线线尾穿入线夹，线夹凸肚在尾线侧，放入舌板，拉紧线夹并用木槌敲冲线夹，线夹舌板与拉线接触应紧密。 （4）绑扎铁丝：尾线回头与本线采用铁丝绑扎，距线头 55～60mm 处绑扎长度为 80mm，要求绑扎紧密、均匀，铁丝端部 2～3mm 绞合后弯进钢绞线并列处。 （5）刷防锈漆：在钢绞线尾线头处、绑扎铁丝处涂刷防锈漆	（1）剪断钢绞线时一只脚踩钢绞线一头，另一头用手握紧，防止线弹起伤人。 （2）应将楔形线夹小头侧套入钢绞线，按尾线出口长度的 300～400mm 量取尾线长度进行弯曲。 （3）放入舌板应牢固、无缝隙，弯曲处无散股现象。 （4）尾线长度应在 300～310mm 范围。 （5）绑扎铁丝时不应伤钢绞线镀锌层，在钢绞线尾线处扎 55mm±5mm，每圈铁丝都扎紧且无缝隙	
3	杆上操作	（1）登杆至拉线安装位置，调整站位并系好安全带。 （2）利用传递绳将拉线上把吊起。 （3）安装上把：将楔形线夹与抱箍穿钉可靠连接	（1）登杆步伐尽量保持直线。 （2）传递绳不得同侧使用。 （3）螺栓传向应与拉线抱箍螺栓传向一致，楔形线夹凸肚应朝下	

续表

序号	作业内容	作业步骤及标准	安全措施注意事项	备注
4	制作下把	（1）把UT型线夹拆开，将U型螺钉传入拉线棒环，将钢绞线拉紧，标记钢绞线所需长度，然后再向拉线尾延长的长度再次做好标记。 （2）剪断钢绞线。 （3）将钢线穿入UT型线夹。 （4）弯曲钢绞线并将楔子安装好、拉紧。 （5）尾线长度与位置，尾线长度为300mm，线夹凸肚应朝下。 （6）尾线绑扎，用12号铁线，顺钢绞线平压，再缠绕压紧，绑扎长度为60mm，且每圈铁线要扎紧无缝隙。 （7）编制小辫并收紧		
5	工作结束	（1）清理作业现场，清点工器具并归类收好。 （2）拆除围栏，离开作业现场		

模块7　输电线路杆塔工频接地电阻测量

杆塔接地电阻值的大小是影响线路雷击跳闸故障的主要因素之一，准确地测量杆塔接地电阻关系到线路防雷状况的评估以及线路防雷方案的制订。本模块重点介绍三级法直线布置方式测量输电线路杆塔工频接地电阻。

一、相关知识

接地极或自然接地极的对地电阻和接地线电阻的总和，称为接地装置的接地电阻。接地电阻的数值等于接地装置对地电压与通过接地极流入地中电流的比值。按通过接地极流入地中工频交流电流求得的电阻，称为工频接地电阻；按通过接地极流入地中冲击电流求得的接地电阻，称为冲击接地电阻。

220kV 及以上输电线路杆塔工频接地电阻测量应采用三极法，即由接地装置、电流极和电压极组成的三个电极测量接地装置接地电阻的方法。使用三极法测量杆塔工频接地电阻的电极布置方式可采用直线布置、夹角布置和反向远离布置。例行试验应在干燥季节和土壤未冻结时进行，不应在雷、雨、雪天气进行；诊断性试验应采用三极法测量杆塔接地装置工频接地电阻，不应在雷雨后立即进行；测量应遵守现场安全规定。被测杆塔附近有雷电活动时应停止测量，并撤离测量现场。

二、作业任务

三级法直线布置方式测试220kV输电线路杆塔工频接地电阻。

三、作业准备

1. 作业条件及人员要求

（1）作业人员身体健康、精神状态良好，穿戴合格劳动保护服。

（2）测量操作人员应熟悉杆塔接地测量的标准和方法，严格遵守、执行安全规程。

2. 现场查勘

核对线路双重名称，确保被测杆塔与任务目标相符；勘察周围天气情况，确定被测杆塔附近无雷电活动。

3. 危险点分析

（1）危险点——触电伤人。预控措施：断开、连接接地体与避雷线时应戴绝缘手套，不得两手同时触及断开点；测量过程中，要避免触及绝缘电阻表接线头。

（2）危险点——意外伤害。预控措施：携带相应器具及药品。

4. 准备工器具和材料

根据本次工作内容填写工器具及材料出入库单，并对其进行清理备用，本模块所需要的工器具及材料见表 5–24。

表 5–24　　工器具及材料

序号	名称	规格及型号	单位	数量	备注
1	安全帽		顶	2	
2	工具包		个	1	
3	接地电阻测试仪	ZC–8（四端子）	套	1	
4	手锤		把	1	
5	扳手		把	2	
6	绝缘手套		副	1	
7	笔		支	1	

四、作业程序

确定线路名称及测试杆塔位置后，需查阅线路资料，了解接地形式，方可下达工作任务。测量过程见表 5–25。

表 5–25　　三级法直线布置方式接地电阻测量操作流程

序号	作业内容	作业步骤及标准	安全措施注意事项	备注
1	工器具检查	（1）清点工器具，确定工器具材料完整，无损伤。 （2）将仪表放置成水平位置，检查检流计的指针是否在中心线上，否则通过零位调正器将指针调整到与中心线重合		

续表

序号	作业内容	作业步骤及标准	安全措施注意事项	备注
2	接线	（1）断开接地网与杆塔连接的螺栓。 （2）将接地体表面用砂布、锉子进行除锈，打磨光滑后与表线连接。 （3）将电流极、电压极如图 5–3 所示，正确布置	（1）打开螺栓时，需佩戴绝缘手套。 （2）电流极和电压极入地深度不应小于 0.3m。 （3）电压极 P 和电流极 C 分别布置在离杆塔基础边缘 $d_{GC} \geqslant 4L$ 处和 $d_{GP}=0.6d_{GC}$ 处，L 为杆塔接地极最大射线的长度。d_{GP} 为接地装置 G 和电压极 P 之间的直线距离，d_{GC} 为接地装置 G 和电流极 C 之间的直线距离	
3	测量	（1）将倍率档调至最大（通常为 10）。 （2）慢慢摇动手柄，同时调整指针旋钮，使检流计指针指于中心线，增加摇速至 120r/min，指针稳定后度盘读数与倍率乘积即为所测接地电阻值。 （3）记录测量结果，根据季节系数进行调整	（1）如度盘读数小于 1，则降低倍率重新摇测。 （2）当发现杆塔工频接地电阻的实测值与以往的测量结果有明显偏差时，应改变电极布置方向或增大电极的距离重新测量	
4	恢复接地	将接地网与杆塔连接牢固	需佩戴绝缘手套	
5	工作结束	清理作业现场，清点工器具并归类收好		

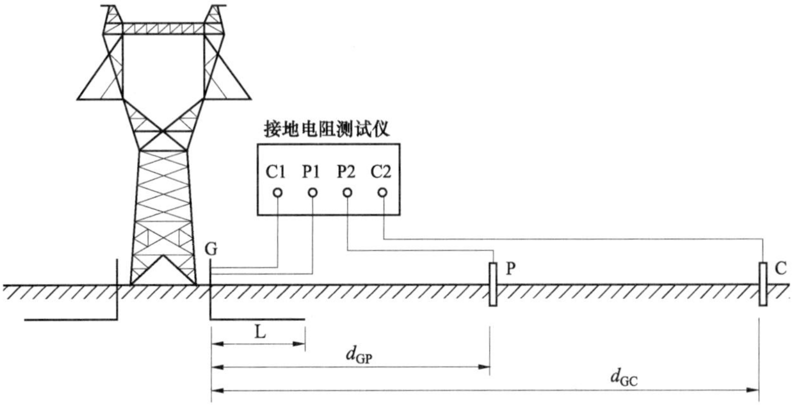

图 5–3　接地极工频接地电阻测量接线示意图